Die Gebäudebeheizung mit Heizöl

Heizölarten, Brennersysteme, Einbau
Wirtschaftlichkeit

Von

Obering. Werner Hansen

Hamburg

Mit 38 Abbildungen

Springer-Verlag
Berlin/Göttingen/Heidelberg
1956

ISBN 978-3-642-52753-1   ISBN 978-3-642-52752-4 (eBook)
DOI 10.1007/978-3-642-52752-4

Inhaltsverzeichnis

Einleitung

Die gegenwärtige Heizöl- und Brennersituation

Die stürmische Entwicklung des Heizöles als Brennstoff für den Zimmerofen wie für die zentrale Etagen- und Gebäudebeheizung setzt beim Verbraucher, bei dem Brennerinstallateur und Öllieferanten gewisse technische Kenntnisse voraus, die durch die vorliegende Schrift vermittelt werden sollen.

Die Gebäudebeheizung mit Öl ist in der breiten Ausweitung, wie wir sie heute beobachten können, etwas vollkommen Neues für Deutschland. Die Ölsorten, die für die Gebäudebeheizung in Frage kommen — wie leichtes und mittelschweres Heizöl aus Erdöl — gibt es erst seit 1952 bzw. mittelschweres seit 1954 auf dem Markt. Im Ausland, vor allem den Vereinigten Staaten, ist die Ölheizung seit Jahrzehnten verbreitet. Im Jahre 1954 gab es in den USA mehr als 7,5 Mill. ölbefeuerte Zentralheizungen.

Man kann in Deutschland von einer schlagartigen Verbreitung sprechen, wenn man in Betracht zieht, daß sich die jetzt existierenden etwa 40 000 Ölanlagen auf einen relativ schmalen Raum konzentrieren. Das Verbreitungsgebiet der Ölheizung befindet sich vornehmlich dort, wo der Koks teurer ist, preisgünstige Öllieferbasen durch Schiffsversorgung der Lager gegeben sind und wo das angrenzende Ausland beispielhaft zu dieser eleganten Heizweise anregt. Die kurzfristige Entwicklung hat deutschen Brennerfirmen nicht die Möglichkeit gegeben, auf Grund von Erfahrungen Verbrennungsapparate zu entwickeln, die den ausländischen Erzeugnissen überlegen sind. Man kann deshalb beobachten, daß bis auf einzelne Ausnahmen ausländische Fabrikate den deutschen Markt erobert haben. Die Überlegenheit ausländischer Brenner liegt in erster Linie in ihrem Preis, der naturgemäß durch Serienfabrikation um ein erhebliches niedriger sein kann als ein Brenner, der, in Handwerksbetrieben hergestellt, außerdem von einer Reihe Zulieferwerke abhängig ist.

Wohl gibt es sehr bedeutende deutsche Brennerbaufirmen, die seit Jahrzehnten Ölfeuerungen bauen, insbesondere für die Marine, die ja schon vor dem ersten Weltkrieg mit der Umstellung auf Öl begann. Diese Brenner sind aber Aggregate für Industrieanlagen und Großverbraucher, die sich nach Aufbau des Brenners und Betriebsweise nicht für Gebäudebeheizung eignen. Aus diesen Ölanlagen wurden die handlichen Verbrennungsapparate entwickelt. die in einem kompakten Gehäuse alle Teile enthalten. Der moderne Ölbrenner stellt eine Einheit dar, die — grob gesagt — nur des elektrischen und Ölanschlusses bedarf, um feuerbereit zu sein.

Eine Ausnahme bilden Brenner für Teeröle, die in gut durchdachten Konstruktionen auf dem Markt sind. Gewisse technische Komplizierungen bei Teeröleinsatz, wie die an sich begrenzten Mengen, lassen diese Brennertypen eine untergeordnete Rolle spielen.

So haben sich fast ausnahmslos die Hersteller von vollautomatischen Teerölbrennern entschlossen, ihr Produktionsprogramm im Hinblick auf den Einsatz von Ölsorten aus Erdöl durch den Lizenzbau ausländischer Brenner zu erweitern, die für diese Öle im Aufbau wesentlich unkomplizierter sind.

Dieser Import von Maschinen wird erst dann aufhören, wenn der deutsche Brennermarkt so groß geworden ist, daß man auch hier an eine Serienfabrikation herangehen kann. Im Sommer 1955 waren es nicht weniger als 220 verschiedene Brennerfabrikate, die hier einen Markt suchen, von denen nur sieben rein deutsche Fabrikate sind.

Auf Grund der anderen Preissituation für Brennstoffe, der abweichenden Ölsorten des Auslandes und des unterschiedlichen Lebensstandards anderer Länder wurden Brenner entwickelt, deren Konstruktionsmerkmale den deutschen Verhältnissen nicht genügen.

In den USA beispielsweise sind Betriebssicherheit und handlicher, unkomplizierter Aufbau die ausschlaggebenden Gesichtspunkte für den Brennerkonstrukteur. In den europäischen Ländern muß man darüber hinaus eine hohe Wirtschaftlichkeit fordern. So wird der importierte amerikanische Brenner fast durchweg durch Einbauteile im Kopf des Brenners ergänzt, wenn er hier zum Einbau kommt, bzw. kommen nur solche amerikanischen Brenner auf den deutschen Markt, die diese Bedingung erfüllen.

Der importierte Brenner ist eine gegebene Einheit, der vom Lieferwerk mit einer mehr oder weniger genauen Einbauanweisung versehen ist. Oft finden diese Brenner bei ihren Vertreibern nicht mehr als vage Kenntnisse über den Brennstoff Öl. Die Gefahr besteht in diesen Fällen, daß der Brenner durch unsachgemäßen Einbau nicht das hält, was der Verbraucher von ihm erwartet oder was in bestem Glauben von dem Brennerlieferanten versprochen wurde. Die Brennervertriebsfirma hat nicht mehr als eine beschreibende Darstellung in Händen, mit gewissen Einbaurichtlinien, die unter ganz anderen Voraussetzungen herausgegeben wurden, als sie bei uns gültig sein sollten. Am wesentlichsten ist hierbei der Punkt, daß die Heizölsorten in Deutschland auf Grund der Zollbestimmungen andere sind, als in dem Land, wo der Brenner entwickelt wurde. Auch die Konstruktionsmerkmale der hiesigen Warmwasser- und Niederdruckdampfkessel weichen von den ausländischen Kesseln ab.

In den meisten Fällen einer Ölheizung wird es sich darum handeln, einen Ofen oder Kessel, der für feste Brennstoffe gebaut wurde, auf Öl umzustellen oder bei einem Neubau mit einer Ölbrenneranlage zu versehen. Meistens wählt man hier einen Kessel, der sowohl mit festen wie mit flüssigen Brennstoffen befeuert werden kann. Seltener entschließt man sich zur Wahl eines Spezialölkessels mit liegender Feuerkammer, der — nur mit Öl betrieben — den Verbraucher in der Brennstoffwahl festlegt. Ein Spezialölkessel ist natürlich in seinem Gesamtwirkungsgrad dem Kessel überlegen, der — für feste Brennstoffe konstruiert — nun auf Öl umgestellt wird. Die Umstellung eines solchen Kessels auf Öl stellt einen Kompromiß dar, der nur bei genauer Kenntnis der Verbrennungscharakteristik beider Brennstoffe mit gutem Erfolg durchgeführt werden kann. Auf Grund der guten Regelfähigkeit des Öles und der vollautomatischen Beheizungsweise ist es zwar immer möglich, auch aus einem Kessel, der für feste Brennstoffe konstruiert wurde, bei einer Umstellung auf Heizöl einen besseren Betriebswirkungsgrad herauszuholen als bei Koks oder Kohle. Einen vollen Erfolg im Interesse der gesamten Energiewirtschaft kann man es aber nur nennen, wenn der jeweilige Brennstoff bis auf unvermeidliche Verluste ausgenutzt wird.

Diese eingehenden Kenntnisse werden nicht durch beschreibende Darstellungen und Maßtabellen vermittelt. Die Fülle teils rivalisierender Zusammenhänge muß erkannt werden, um die Umstellung fachmännisch und sicher durchzuführen. Jede Anlage muß individuell analysiert werden, um auf Anhieb einen Erfolg zu erzielen. Nur so ist der Verbraucher zufrieden, der Brennerlieferant erspart sich Kosten, die unter Umständen seinen Verdienst aufzehren können und der Ölproduzent hat einen zufriedenen Kunden mit konstanten Abnahmen.

Es kann dabei durchaus notwendig sein, einem Ölinteressenten von einer Umstellung ganz abzuraten, denn Heizöl sollte nur dort eingesetzt werden, wo es echte Vorteile bringt, es kann auch möglich sein — gerade bei der Frage der Umstellung kleiner Kesseleinheiten —, daß der Brennerlieferant auf den Auftrag verzichten muß, weil er in seinem Produktionsprogramm keinen Brenner hat, der diesen besonderen Verhältnissen in jeder Hinsicht gerecht wird.

Es sollten niemals nur kaufmännische Gesichtspunkte ausschlaggebend sein, die bei der Beratung maßgeblich sind. Aus diesem Grunde haben die namhaften Ölfirmen einen technischen Beratungsdienst eingerichtet, der objektiv jeden Ölinteressenten berät, ob für seine Verhältnisse eine Umstellung technisch wie wirtschaftlich zu verantworten ist. Eine solche objektive Untersuchung ist ebenso zum Nutzen des Verbrauchers, wie zum Vorteil des Öllieferanten im Sinne einer dauerhaften Zusammenarbeit.

Es soll der Versuch unternommen werden, die Probleme und Zusammenhänge zu betrachten, die sich aus einer jahrelangen Arbeit auf diesem Gebiet herauskristallisiert haben. Ich darf hier der BP Benzin- und Petroleum-Gesellschaft m. b. H. danken, daß sie es ermöglichte, diese Schrift in der Form herauszubringen, daß sie jedermann zugängig ist. In den folgenden Darstellungen müssen vor allem die Schwierigkeiten und Folgerungen besprochen werden, die sich aus einer falschen Brennerwahl bzw. unrichtigen Einbauweise ergeben. Eine solche Summierung von Schwierigkeiten kann unter Umständen bei dem Laien den Eindruck erwecken, daß die Ölheizung ungeheuer kompliziert ist. Die rund 40 000 Ölanlagen, die im Sommer 1955 in Betriebsbereitschaft sind, widersprechen dieser Annahme. Selbstverständlich bleibt es nicht aus, wie bei jeder Neuentwicklung, daß Fehler gemacht werden. Die Mängel vorzeitig zu erkennen, ist eine Notwendigkeit, die nur dadurch gebessert werden kann, daß aus den Erfahrungen vergangener Jahre gelernt wird. Diese Erfahrungen werden ungenügend ausgewertet, wenn man sich mit beschreibenden Darstellungen begnügt. Man muß die tieferen Zusammenhänge untersuchen.

In der heutigen Zeit bildet das Thema „Energiedarbietung" eines der wichtigsten Probleme überhaupt. Man könnte und sollte deshalb die Konsequenz ziehen, eine ebenso offene Untersuchung für die Verfeuerung fester Brennstoffe herauszugeben. Koksheizungen in ähnlichen Kesseln, wie sie heute üblich sind, gibt es schon seit 100 Jahren. Trotzdem hat eine neuerliche Untersuchung an 2300 Heizungsanlagen für feste Brennstoffe ergeben, daß nur $1^1/_2\%$ der untersuchten Kessel in Ordnung waren. Diese Mängel lagen vornehmlich in schlechtem Kesselzustand und Bedienungsfehlern. Bei einer Ölheizung wird der Kesselzustand laufend durch den Service des Brennerlieferanten überwacht. Bedienungsfehler sind durch die elektrische Automatik, die den Koksheizer ersetzt, ausgeschaltet, wenn die Anlage einmal richtig einreguliert ist.

Würde man also eine Schrift für Kessel mit festen Brennstoffen herausbringen, so wäre sie nicht minder umfangreich und müßte sich zwangsläufig auch nur mit Fehlern und Mängeln befassen, ohne dabei der Sache des Kokses zu schaden, denn auch sie dient dem Vorteil des Verbrauchers wie dem Nutzen des Lieferanten.

Die vollautomatische Ölheizung stellt heute mit einem sachgemäßen Service einen Weg des Heizens dar, der neben großer Wirtschaftlichkeit, Sauberkeit und Bequemlichkeit durch die Automatik jegliche

Wartung der Anlage seitens des Verbrauchers ausschaltet. Sie kann bei sachgemäßer Installation eine Hauptforderung der neuen Zeit erfüllen, nämlich die arbeitsfreie Heizung, die keine Beanspruchung des Haushaltes bedeutet.

Der eigentlichen Behandlung des Themas muß eine Erläuterung der Heizöle und der Brennersysteme vorangestellt werden, wobei insofern eine Beschränkung vorgenommen werden soll, als Brenner, die für die Gebäudebeheizung nicht üblich sind, keine Erwähnung finden sollen.

Nach dieser Grundlage sollen die Fragen beantwortet werden, die vom Heizölinteressenten gestellt werden: Ist die Ölheizung rentabel? Wie und mit welchem Brenner soll sie gemacht werden? — und — Wie sieht die Versorgung in der Zukunft aus?

I. Die Heizölarten

Unter Heizöl versteht man jede Art von flüssigem Brennstoff, wie er aus der Verkokung oder Verschwelung von festen Brennstoffen, aus der Verarbeitung von Ölschiefer und als Rückstand aus der Destillation bzw. der Weiterverarbeitung von Erdöl anfällt.

1. Steinkohlenteeröl

Bei der Verkokung bzw. Vergasung von Kohle wird als Nebenprodukt der Steinkohlenteer gewonnen, der durch Destillation in Leicht-, Mittel- und Schweröl aufgeteilt wird. Von den leicht siedenden Fraktionen (Fraktionieren gleich Teilen) ist das Benzol das Bekannteste. Die schwerste Fraktion ist das Pech.

Die sog. Mittelfraktionen des Steinkohlenteers ergeben unter Beimischung mehr oder weniger großer Mengen von Pech bzw. von leichten Fraktionen das Steinkohlenteeröl. Je nach Menge und Art der Beimischung entsteht ein leicht- oder zähflüssiger Brennstoff.

Der Vorteil des Teeröles liegt in seiner verhältnismäßig geringen Viskosität (Zähflüssigkeit) und — bedingt durch den hohen Kohlenstoffgehalt der Kohlenwasserstoffe, die als Aromaten in diesem Öl erscheinen — seinem hohen Strahlungsvermögen.

Nachteilig ist der gegenüber anderen flüssigen Brennstoffen niedrige Heizwert, der Mangel an Schmierfähigkeit und der Ausfall von Naphthalinkristallen bei niedrigen Temperaturen. Spuren von Chlorverbindungen und Karbolsäure verleihen diesen Ölen einen sauren, aggressiven Charakter. Kupferleitungen werden von Steinkohlenteeröl angegriffen, daher sind möglichst nur Stahlrohre zu verwenden. Als Zerstäuber kommen nur solche Brenner in Frage, die das Öl indirekt zerstäuben. Um Kristallisation zu vermeiden, soll die Mindestlagertemperatur + 5 °C nicht unterschreiten. Diese Bedingung ist für die Installation von Bedeutung, zumal sich evtl. Kristallbildung erst bei 80 °C wieder löst.

Von den Teerölsorten leicht, mittel und schwer ist für die Gebäudebeheizung nur leichtes Teeröl zu empfehlen.

Die ca.-Analysendaten dieses Heizöles sind:

<pre>
Viskosität bei 20 °C . . . . 1,75—2 °Engler
Unterer Heizwert . . . . 9000 kcal/kg
spez. Gewicht bei 20 °C . . . . 1,02—1,1 kg/Liter
Flammpunkt . . . . 65—110 °C
Stockpunkt . . . . — 10 °C
Wasser, max. 0,5%
Schwefel 0,6%
CONRADSON-Test 2%
Hartasphalt . . . . —
</pre>

Der Anfall an Steinkohlenteeröl ist an die Koks- bzw. Gasproduktion gekoppelt. Die jährliche Gesamtmenge der leichten Fraktion stellt nur einen Bruchteil der Produktion an mineralischem Heizöl dar. Das Teeröl soll hier deshalb nicht in alle Einzelheiten betrachtet werden. Allgemein kann gesagt werden, daß bezüglich Lagerung und Installation das leichte Steinkohlenteeröl so zu behandeln ist wie mittelschweres Heizöl aus Erdöl.

2. Braunkohlenschwelteer

Bei der Verschwelung der Braunkohle fällt Teer an, der zu Braunkohlenbenzin und Gasöl weiterverarbeitet wird. Die zähflüssigen Rückstände werden — gegebenenfalls unter Beimischung dünnflüssiger Fraktionen — als Heizöl auf den Markt gebracht. Auch diese Öle sind korrosiv und bedingen damit dieselbe Materialauswahl wie bei Steinkohlenteeröl. Die Auskristallisation der Fraktion, die für die Gebäudebeheizung evtl. in Frage kommt, beginnt im allgemeinen erst bei — 5 °C. Diese Temperatur ist damit als Mindestlagertemperatur anzusehen.

Die ca.-Analysendaten des Braunkohlenteeröles lauten:

<pre>
Viskosität bei 20 °C . . . . 1,8 °Engler
Unterer Heizwert . . . . 9200 kcal/kg
spez. Gewicht bei 20 °C . . . . 0,96 kg/Liter
Flammpunkt . . . . 100 °C
Stockpunkt . . . . — 5 °C
Wasser 0,5%
Schwefel 2,5%
CONRADSON-Test 2%
Hartasphalt . . . . —
</pre>

Das Teeröl aus der Braunkohle nimmt mengenmäßig gegenüber Heizöl aus Erdöl einen bescheidenen Platz ein. Gelegentlich kommen größere Mengen von Braunkohlen-Gasöl aus Ostdeutschland. Dieses Öl entspricht den Zollbestimmungen für leichtes Heizöl und wird als solches vertrieben. Es unterscheidet sich von dem Erdölgasöl durch seinen Geruch und eine dunklere Farbe.

Bei der Installation ist es wie mittelschweres Heizöl aus Erdöl zu behandeln.

3. Schieferteeröl

Schieferteeröl fällt bei der Verschwelung von Ölschiefer an. Die weitere Verarbeitung ist die gleiche wie bei Stein- bzw. Braunkohlenteeröl. Die in Deutschland vorhandenen Ölschiefervorkommen in Hessen und Württemberg sind gering. Das anfallende Heizöl ist vornehmlich bei Industrieverbrauchern bereits „in festen Händen".

4. Das Heizöl aus Erdöl

Man nahm ursprünglich an, daß Erdöl aus anorganischen, d. h. mineralischen Ursprüngen entstamme. Daher der Name mineralisches Öl. Auf Grund der im Erdöl erscheinenden Porphyrine weiß man heute, daß Erdöl — auch Rohöl genannt — als Muttersubstanz aus niederen Pflanzen und Tieren hervorgeht, die sich in großen Massen am Meeresboden abgelagert haben. Ein Faulprozeß hat die Umsetzung bewirkt. Die Bezeichnung mineralisches Heizöl ist damit nicht korrekt, wenn sie auch allgemein gebräuchlich ist. Die Erdölförderung der Welt betrug im Jahre 1955 785 Mill. t. Davon wurden in Deutschland 3,2 Mill. t gefördert. Diese Zahl erscheint klein. Das deutsche Erdöl deckt aber trotzdem $^1/_3$ des Erdölverbrauches in Westdeutschland. Der Rest von $^2/_3$, also rund 7 Mill. t wurden aus Mittelost, Venezuela und Mexiko importiert. Die Wahl der Bezugsländer ergibt sich aus der geographischen Lage. Diese wiederum ist abhängig von der Ergiebigkeit der Ölquellen. Der Durchschnittsertrag einer Bohrung im Mittelosten (Kuwait, Irak, Iran) beträgt 700 t pro Tag gegenüber 1,5 —3 t pro Tag in den USA und Deutschland.

Die Welterdölreserven werden nach neuesten Schätzungen für das Jahr 1972 auf 41 Mrd. t beziffert. Die Erdölreserven Westdeutschlands werden auf etwa 55 Mill. t veranschlagt.

Rund ein Drittel des in einer Raffinerie durchgesetzten Rohöles fällt als Heizöl an. Nach Abzug des Eigenverbrauches der Raffinerien und des Anteiles für die Bunkerschiffahrt gingen

1953 . . . 0,593 Mill. t
1954 . . . 1,185 Mill. t
1955 . . . 2,3   Mill. t

für Heizzwecke auf den deutschen Inlandsmarkt.

Demgegenüber standen im Jahre 1955 rund 450000 t Teeröl aus Steinkohle, Braunkohle und Ölschiefer. Mit einer wesentlichen Steigerung dieser Mengen ist nicht zu rechnen, zumindest nicht im Vergleich zu den stärker steigenden Mengen an Heizölen aus Erdöl.

Heizöle sind in Deutschland gemäß DIN-Entwurf 51 603 vom Februar 1955 in fünf Sorten unterteilt:

Tabelle 1. *DIN-Norm-Entwurf 51603*

1. Erläuterung des Begriffes

Heizöle sind Brennstoffe aus Erdöl, Schieferöl, Stein- oder Braunkohlenteeren, die für Feuerungs- und Brennzwecke geeignet sind.

2. Eigenschaften

	Heizöl EL extraleicht	Heizöl L leicht	Heizöl M mittelschwer	Heizöl S schwer	Heizöl ES extraschwer
Dichte bei 15 °C g/ml	0,820 bis 0,826	—	—	—	—
Flammpunkt nach PENSKY MARTENS mindestens °C	55	55	55	55	65
Viskosität in Grad Engler	b. 20 °C unter 1,65	b. 20 °C unter 2,5	b. 50 °C unter 7	b. 50 °C unter 80	b. 50 °C über 80
Stockpunkt höchstens °C	− 15	− 10	0	—	—
Verkokungsrückstand n. CONRADSON höchst. Gew.-%	0,1	2,5	—	—	—
Schwefelgehalt höchst. Gew.-%	1,0 bis max. 1,25	2,5	3,5	—	—
Gehalt an Wasser und festen Fremdstoffen	0,1	0,5	1	2	2
Heizwert H_u mindest. kcal (Kohlen und Schieferteeröl)	10000 / ca. 9000	9800 / 9000	9500 / 9000	9200 / 9000	9200 / —
Aschegehalt %	0,02	—	—	—	—
Vorwärmen zum Transport	nicht	nicht	im allgemeinen nicht	erforderl.	erforderl.
Vorwärmen zur Verbrennung	nicht	nicht	erforderl.	erforderl.	erforderl.

Anmerkung: Bei Steinkohlen-Teerheizölen ist statt Stockpunkt die Satzfreiheit anzugeben.

Heizöl EL muß frei von festen Fremdstoffen sein.

Bei Heizöl M aus der Braunkohlenschwelung muß mit einem Stockpunkt von ca. + 40 °C gerechnet werden.

Der Verwendungszweck dieser fünf Sorten kann wie folgt zusammengefaßt werden:

1. ES = extra schwer, kommt nur für Größtverbraucher mit Tankleichterbezug in 500-t-Partien in Frage.

2. S = schwer, für Industrieverbraucher. Für Gebäudebeheizung kann dieses Öl bei Anlagen über 150000 kcal/h Leistung — je Kessel — eingesetzt werden. Da es erst bei 50 °C pumpfähig ist, müssen Tanks und Rohrleitungen beheizt werden. Bei einem Warmwasserkessel fehlt hierzu das geeignete Heizmedium. Zum Anheizen müßte Leichtöl genommen werden bzw. müßte mit einer Umwälzpumpe über einen elektrischen Vorwärmer in der Ringleitung und im Tagesbehälter solange umgepumpt werden, bis das Öl die richtige Temperatur hat. Derartige Anlagen laufen mit gutem Erfolg. Allgemein dürfte aber der Betrieb mit leichteren Sorten vorzuziehen sein, weshalb in diesen Ausführungen vornehmlich die Sorten EL, L und M betrachtet werden sollen. Schließlich heben die elektrischen Aufwärmekosten den Preisabstand zwischen S und M teilweise auf. Nicht zuletzt sind die Kapitalkosten für eine Heizöl-S-Anlage wesentlich höher als für M oder EL und L.

3. M = mittelschwer findet vor allem Verwendung für die Gebäudebeheizung, allerdings erst für Kessel mit Leistungen über 80000 kcal/h.

4. L = leicht, wird nicht mehr allgemein geführt. Es kommt für die Gebäudebeheizung in Frage, allerdings nicht für Verdampfungsbrenner. Für übliche Verbrennungsapparate kann es erst ab 40000 kcal/h Kesselleistung eingesetzt werden.

5. EL = extra leicht. Dieses ist die Heizölsorte, die für die Gebäudebeheizung in allen Verbrennungssystemen eingesetzt wird. Es wird von allen namhaften Ölfirmen geführt.

Zum näheren Verständnis soll die Entstehungsgeschichte dieser Sorten betrachtet werden.

Erdöl oder Rohöl ist ein Energieträger, der erst durch eine Reihe von physikalisch-chemischen Verfahren zum gebrauchsfähigen Produkt umgewandelt werden muß.

Das Erdöl besteht aus einer Unzahl von organischen Verbindungen — in erster Linie Kohlenwasserstoffen — die durch die fraktionierte Destillation getrennt werden.

Unter Destillation ist Verdampfen und anschließende Kondensation zu verstehen. Fraktion heißt Bruchteil. Gebrochene oder fraktionierte Destillation ist die Methode, mit der man einen Teil des Gemisches, der bei einer bestimmten Temperatur verdampft, von bei anderen Temperaturen siedenden Anteilen trennt.

Die industrielle Art der fraktionierten Destillation erfordert ein Erhitzen des Rohöles im Röhrenofen. Das Öl fließt dabei vom Lagertank durch einen Wärmeaustauscher, so daß es beim Eintritt in den Ofen bereits eine Temperatur von 200 °C hat. Dann wird es durch das Rohrsystem des Ofens gepumpt und auf 300 °C erhitzt. Ein großer Teil des Rohöles verdampft dabei, nur bei höheren Temperaturen siedende Anteile bleiben flüssig. Dieses Dampf-Flüssigkeitsgemisch tritt nunmehr in den Fraktionierturm ein. In diesem befinden sich in bestimmten Abständen waagerechte, durchlochte Böden, die über den Löchern „Glocken" tragen. Die Konstruktion dieser Glocken zwingt die im Turm aufsteigenden Dämpfe durch die auf den Böden stehende, bereits kondensierte Flüssigkeit. Es findet ein Wärme- und Dämpfe-

austausch statt. Kaltes Benzin fließt von oben den Dämpfen entgegen.
Durch diesen Rückfluß werden höhersiedende Anteile abgekühlt. Sie
schlagen sich auf den Böden nieder. Die Temperatur im Turm nimmt
nach oben ständig ab, so daß von den Böden unterschiedlich siedende
Destillate seitlich abgezogen werden können.

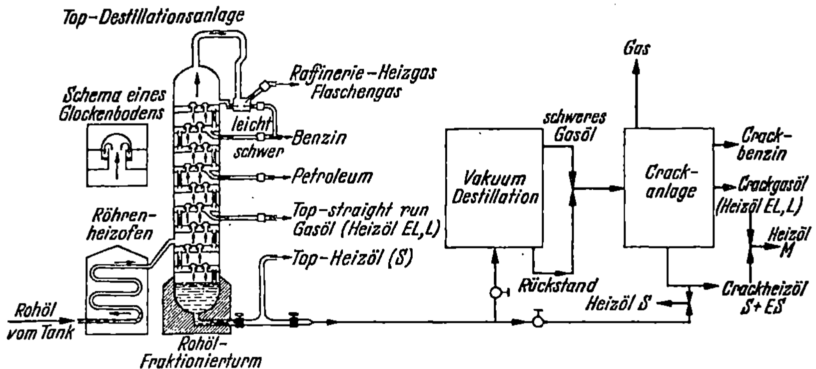

Abb. 1. Schema einer Erdölraffinerie.

Aus dem Fraktionierturm kann somit an der Spitze Gas und Benzin
abgenommen werden, in der Mitte Gasöl und Petroleum. Heizöl ver-
bleibt als flüssiger Rückstand am Boden des Turmes; Benzin, Gasöl
und Heizöl fallen je zu ein Drittel des zugeführten Rohöles an. Das
Heizöl aus diesem Prozeß wird als Top-Heizöl bezeichnet und das Gasöl
als ein „straight run" Produkt.

Setzt man den flüssigen Rückstand — Topheizöl — nochmals einem
Destillationsprozeß unter Druck und hoher Temperatur aus, gegebenen-
falls unter der Anwesenheit eines Katalysators, so werden die schweren
Kohlenwasserstoffmoleküle des Öles aufgespalten, gecrackt und teil-
weise in leichte Kohlenwasserstoffe überführt, die dann wieder Benzin,
Crackgasöl und als Rückstand Crackheizöl ergeben. Wird das gesamte
Rohöl beiden Prozessen unterworfen, so beträgt der Heizölanteil nur
noch 12—15% zugunsten eines größeren Anteiles an Benzin und Gasöl.

Es ist klar, daß das damit anfallende Heizöl wesentlich zähflüssiger
ist, wurde doch das Rohöl nun zweimal bis zu den schweren Kohlenwasserstoffen „ausgequetscht". Es entspricht in seinen Analysendaten
der Norm für ES. Die handelsübliche Qualität S, auch Bunker C,
Pacura, Mazout oder Schweröl genannt, wird aus diesem Öl durch Zu-
mischen von Gasöl hergestellt. Dieses Öl ist durch die Zumischung
von Gasöl im Flammpunkt niedrig. Der Flammpunkt liegt etwa bei
80° C. Einige Raffinerien setzen nicht alles Rückstandsöl aus der Topanlage in der Crackanlage durch. Sie geben entweder Topheizöl direkt

ab, oder mischen Top- und Crackheizöl normgerecht. Der Flammpunkt dieser Öle liegt über 100 °C.

Die in der vorgenannten Statistik aufgeführten Heizölmengen (für 1955 — 2,3 Mill. t) betreffen in erster Linie schweres Heizöl. Heizöl EL und L machen hingegen nur 10% dieser Menge für denselben Zeitraum aus.

Heizöl EL gibt es erst seit Fortfall der verschärften Zollbestimmungen im Frühjahr 1955. Es ist ein reines Destillat wie Gasöl und unterliegt bei der Herstellung den Richtlinien des Zolles und des Bahntarifes. Ersterer besagt, daß der Flammpunkt über 55 °C liegen muß und daß bei 250 °C nicht mehr als 40% absieden dürfen. Die Bundesbahn fordert zur Zeit noch, wenn dieses Öl als Heizöl anerkannt werden soll, daß das spez. Gewicht nicht unter 0,835 bei 20 °C liegen darf. Ist dies nicht der Fall, so muß das Heizöl nach A anstatt nach F tarifiert werden.

Während Heizöl EL in der Farbe gelblich ist und ein spez. Gewicht von 0,84—0,86 aufweist, ist Heizöl L durch Zumischung von schwerem Heizöl dunkel gefärbt. Es hat ein höheres spez. Gewicht von 0,86—0,89 und eine Viskosität bei 20 °C bis zu 2,5 °Engler.

Der Zusatz von schweren Kohlenwasserstoffen erhöht den Gehalt an Hartasphalt und die Verkokungsziffer nach CONRADSON. Der Hauptnachteil ist eine verminderte Lagerfähigkeit. Für Verdampfungsbrenner ist dieses Öl ungeeignet. In Druckzerstäubern über 5 Liter/h Durchsatz sind keine Schwierigkeiten zu erwarten.

Die namhaften Ölfirmen führen fast ausnahmslos nur noch die Qualität EL, die sowohl für Verdampferbrenner wie für Verbrennungsapparate geeignet ist, die das Heizöl zu einer Verbrennung in der Schwebe aufbereiten. Teilweise wird diese Qualität von Händlerfirmen unter Eigennamen verkauft. Für den Verbraucher ist hier nicht klar, ob es sich bei diesem Öl um EL oder L handelt. Man sollte deshalb nur die genormten Bezeichnungen wählen.

Der Normentwurf hat den Nachteil, daß die Kenndaten der Sorten sehr weit gefaßt sind. Sie stellen Mindestforderungen dar. So würde z. B. ein Heizöl EL, das an der oberen Grenze der Normdaten liegt, für Verdampferbrenner ungeeignet sein. In der Praxis lauten die ca.-Analysendaten, die allen geforderten Ansprüchen genügen und wie sie auch tatsächlich auf dem Markt sind, wie folgt (Tab. 2).

Die Analysendaten dienen der Kennzeichnung der Heizöle für die Verwendung und den Handel.

Während das Ausland mit verhältnismäßig wenig Kenndaten auskommt, werden in Deutschland immer mehr Analysendaten gefordert. Diese Tatsache ist ein Zeichen der Unsicherheit gegenüber dem neuen flüssigen Brennstoff.

Tabelle 2

	Heizöl EL	Heizöl L	Heizöl M
spez. Gewicht bei 15 °C	0,84/0,86	0,86/0,89	0,92
Viskosität bei 20 °C Grad E	1,2/1,8	1,6/2,5	15/20
Viskosität bei 50 °C Grad E	—	—	3/5
Schwefelgehalt %.	0,5	bis 1,2	2,8
CONRADSON-Test %.	0,01	0,1	5
Hartasphaltgehalt %	0,01	0,1	2
Stockpunkt °C	— 20	— 15	— 10
Wasser %	Spuren bis 0,1%		
Flammpunkt °C	65	65	85
Unterer Heizwert kcal/kg	10200	10100	9800
Farbe	hell	dunkel	dunkel
Preis DM/t ffr. Verbraucher	210/220	(ca. 3% niedr.	150/160
Preis DM/m³	180/190	als EL)	—

Für die folgenden Ausführungen ist es erforderlich, die Bedeutung der Kenndaten herauszustellen:

a) Die Gefahrenklassen

Als feuergefährlich gelten Stoffe, die brennbar sind, die Verbrennung fördern, allein oder mit anderen Stoffen explosiv sind oder in Berührung mit anderen Stoffen exotherm (Wärme abgebend) oder unter Entwicklung brennbarer Gase reagieren.

Nicht alle brennbaren Stoffe sind im gleichen Grade feuergefährlich. Die Gefahrenklassen werden nach dem Flammpunkt festgelegt:

Klasse 1:. höchst feuergefährlich, Flammpunkt unter 21 °C
Klasse 2: doppelt feuergefährlich, Flammpunkt 21—55 °C
Klasse 3: einfach feuergefährlich, Flammpunkt 55—100 °C.

Heizöl EL, L und M fallen unter 3, Heizöl S und ES liegen im allgemeinen außerhalb der Gefahrenklassen.

b) Der Flammpunkt

Darunter versteht man die Temperatur einer brennbaren Flüssigkeit, bei welcher sich gerade soviel Dämpfe entwickeln, daß mit Luft ein durch Fremdzünden kurz entflammbares Gemisch entsteht. Der Flammpunkt wird nach PENSKY-MARTENS im geschlossenen Tiegel festgestellt. In allen Analysendaten ist er nach dieser Methode festgestellt. Man kann ihn auch nach MARCUSSON im offenen Tiegel ermitteln, dieser Wert liegt um etwa 30 °C höher als im geschlossenen Tiegel.

Die Kenntnis des Flammpunktes ist für die zulässige Erwärmung des Öles in offenen Behältern maßgebend. Sie soll hier nicht höher als bis 20 °C unter den Flammpunkt erfolgen. Offene Behälter werden heute kaum noch eingebaut. Unter Druck, im geschlossenen Ölkreislauf, liegt der Flammpunkt nicht nur wesentlich höher, das Überschreiten ist dann auch in Ermangelung der Möglichkeit, ein explosives Gemisch mit Luft zu bilden, ungefährlieh.

c) Explosionsbereiche

Wenn die Definition des Flammpunktes besagt, bei welcher niedrigsten Temperatur brennbare Flüssigkeiten Dämpfe bilden, die im Gemisch mit Luft bei Berührung mit einer Flamme rasch aufflammen, verpuffen, ohne die darunter liegende Flüssigkeit zum Brennen zu bringen, so bildet der Flammpunkt ohne Zweifel ein Merkmal für die Gefährlichkeit der Flüssigkeit.

Man unterscheidet zwischen einer unteren und einer oberen Explosionsgrenze. Zwischen diesen beiden Grenzwerten — ausgedrückt in Volumen-Prozenten des brennbaren Dampfes oder Gases in Luft — ist die Flüssigkeit explosiv. Ein explosives Gemisch kann sich demnach um so leichter bilden, je weiter die Explosionsgrenzen auseinander liegen.

Die untere Explosionsgrenze entspricht dem Flammpunkt, nur daß letzterer als Temperatur anstatt als Konzentrationswert ausgedrückt ist. Die obere Explosionsgrenze hingegen gibt die Konzentration an, bei welcher der Volumenanteil des brennbaren Dampfes schon so groß bzw. der Luft-(Sauerstoff)-Anteil gegenüber dem brennbaren Dampf so klein ist, daß keine rechte Verbrennung mehr möglich ist. Üblicherweise werden die Explosionsgrenzen bei Zimmertemperatur ermittelt. Eine Ausnahme bilden Stoffe mit einem Flammpunkt über 20 °C. In solchen Fällen erfolgt die Ermittlung der Explosionsgrenzen bei der Flammpunkttemperatur oder noch höher. Mit steigender Temperatur erweitert sich der Explosionsbereich, wobei bei Erreichen des Zündpunktes die untere Explosionsgrenze den Wert 0, die obere 100% erreicht.

d) Der Zündpunkt

Der bei brennbaren Flüssigkeiten eng mit deren Dampfdruck zusammenhängende Zündpunkt gibt diejenige Temperatur an, bei welcher der Brennstoff von selbst, ohne Fremdzündung, entflammt. Ein Kriterium für die Feuergefährlichkeit eines Stoffes ist der Zündpunkt somit nicht.

e) Der Brennpunkt

Der Brennpunkt einer Flüssigkeit gibt diejenige Temperatur an, bei der ausgeschiedene Dämpfe mengenmäßig so groß sind, daß bei Annäherung einer Flamme die Oberfläche der Flüssigkeit dauernd brennt.

Zum Unterschied des Zündpunktes bildet der Brennpunkt einer Flüssigkeit ein Merkmal für deren Feuergefährlichkeit. Im allgemeinen liegt der Brennpunkt um 60 °C über dem Flammpunkt. Eine Ausnahme macht z. B. Benzin, dessen Brennpunkt mit dem Flammpunkt zusammenfällt.

f) Das spezifische Gewicht

Das spez. Gewicht kennzeichnet das Kohlenstoff-Wasserstoff-Verhältnis einer Verbindung. Heizöle sind eine Mischung von ungezählten verschiedenen Kohlenwasserstoffen. Das spez. Gewicht läßt daher keine zuverlässigen Schlüsse für die Beurteilung eines Öles zu, es sei denn, daß die Zahl der Verbindungen in der Heizölsorte begrenzt ist, wie z. B. bei Heizöl EL. Ein hohes spez. Gewicht bei dieser Ölsorte, die einen scharfen Schnitt (Bruchteil) der fraktionierten Destillation darstellt, deutet auf einen hohen Aromatengehalt hin. Aromaten sind Ringverbindungen, in denen ein Kohlenstoffatom ein Wasserstoffatom gebunden hat. Demgegenüber stehen Paraffine, die geradlinige Kohlenstoffketten sind. Jedes Kettenglied hat 2 Wasserstoffatome (abgesehen von den Endkohlenstoffatomen).

Das spez. Gewicht gab Anlaß zur Einteilung der Heizölsorten in leichte und schwere. Jedoch darf aus dem gleichen spez. Gewicht nicht geschlossen werden, daß zwei Heizölsorten die gleiche Viskosität haben. Es läßt höchstens bei Ölen gleicher Siedegrenze einen Schluß auf das Verhältnis des Kohlenstoffes zum Wasserstoff zu.

Heizöle aus Erdöl haben ein spez. Gewicht unter 1, Teeröle ein solches über 1. Es wird für den amtlichen Vergleich bei 15 °C festgestellt. Wechselt in einer Anlage die Heizölqualität, so muß bei einer Veränderung des spez. Gewichtes der Durchsatz entsprechend berechnet werden. Wird das Öl beispielsweise leichter, so werden bei fester Brennereinstellung trotz gleicher Literzahl weniger Kilogramm durchgesetzt. Der Heizwert bezieht sich auf Gewicht. Soll also dieselbe Brennerleistung erreicht werden, so muß in diesem Fall der volumenmäßige Durchlauf durch Einsetzen einer größeren Düse vergrößert werden. Für die Mengenmessung muß bei der Auswertung die Temperatur berücksichtigt werden. Die Umrechnungsformel lautet:

$$\Delta\gamma = 0,0007\,(t_2 - t_1)$$

$\Delta\gamma =$ Differenz im spez. Gewicht
$t_2 =$ Arbeitstemperatur
$t_1 =$ Analysentemperatur bei 15 °C.

g) Der Heizwert

Der Heizwert gibt die Wärmemenge an, die bei Verbrennung von 1 kg Heizöl oder Kohle frei wird. Man unterscheidet zwischen oberem Heizwert H_0 und unterem Heizwert H_u. Ersterer kennzeichnet die

Wärmemenge, die bei vollständiger Verbrennung von 1 kg frei wird, wenn die Verbrennungsprodukte — Rauchgase — auf die Ausgangstemperatur der hinzutretenden Luft (20 °C) ausgenutzt werden, und das bei der Verbrennung bildende Wasser in flüssigem Zustand anfällt. Dem unteren Heizwert entspricht diejenige Wärmemenge, die 1 kg Brennstoff bei vollständiger Verbrennung entwickelt, wenn die Verbrennungsprodukte auf die Ausgangstemperatur abgekühlt werden, die kondensierbaren Bestandteile aber in dampfförmigem Zustand bleiben oder gedacht werden.

Der untere Heizwert läßt sich nicht unmittelbar messen; er ergibt sich aus dem oberen Heizwert nach Abzug der Verdampfungswärme des vorhandenen und entstandenen Wasserdampfes:

$$H_u = H_0 - 597\,W = H_0 - 597\,(9\,H + H_2O)$$

darin bedeuten:

H = Wasserstoffgehalt des Brennstoffes in %
H_2O = Wassergehalt des Brennstoffes in %
W = Wassergehalt der Verbrennungsprodukte, das heißt durch Elementaranalyse bestimmtes Verbrennungswasser, herrührend aus der Gesamtfeuchtigkeit des Brennstoffes, plus aus dem Wasserstoff im Brennstoff entstandenem Wasser in Gewichts-%
597 = Verdampfungswärme eines Kilogramm Wassers.

Angaben in der deutschen Literatur beziehen sich durchweg auf den unteren Heizwert.

Die geringe Differenz im Heizwert der Sorten EL, L, M und S steht in keinem Vergleich zu dem großen Preisunterschied. Die Erklärung ist darin zu suchen, daß EL ein reines Destillat ist, L ist mehr oder weniger rein, während M sich aus einer Mischung von ca. 60% S mit 40% EL zusammensetzt. S ist schließlich ein Rückstand, dem bei einem Preisvergleich die Rolle eines Abfalles zukommt.

Heizöl M ist also ein künstliches Mischprodukt, das angefertigt wird, um ein Öl zu schaffen, das zum Lagern und Pumpen nicht vorgewärmt werden muß, wie es z. B. bei S auf 50 °C erforderlich ist. Für das Mischen von M sind folgende Daten maßgebend: Die Viskosität des Öles soll bei normalen Temperaturen derart sein, daß das Öl bis 0 °C pumpfähig ist, also 80 °Engler nicht überschreitet. Daraus ergibt sich automatisch ein Stockpunkt des Öles von − 10 °C bzw. 15—20 °Engler bei 20 °C und 3—5 °Engler bei 50 °C. Zerstäuberbrenner benötigen für eine gute Nebelfeinheit eine Ölviskosität von 2—3 °Engler, der für M eine Vorwärmung am Brenner auf 60—80 °C entsprechen.

h) Die Viskosität (Zähigkeit)

Einfach ausgedrückt bildet diese ein Maß für die innere Reibung, das heißt für den Widerstand, der beim Verschieben zweier benachbarter Flüssigkeitsschichten in einer Strömung entsteht. Die Viskosität ist stark von der Temperatur abhängig; praktisch erfolgt die Viskositäts-Temperatur-Veränderung nach einer Exponentialfunktion.

Diese Tatsache macht man sich zunutze, wenn man das Viskositäts-Temperatur-Verhältnis graphisch im doppellogarithmischen System aufträgt. Der Verlauf der Viskosität wird dann zu einer Geraden. Zur Festlegung dieser Viskositätskurve benötigt man lediglich zwei Punkte. (Beispiel im Visk.-Temp.-Blatt für Heizöl M: Punkt A: Visk. bei 50 °C = 4 °E; Punkt B: Visk. bei 20 °C = 15 °E).

Diese Gerade beginnt allerdings dann zu einer steil ansteigenden Kurve auszurutschen, wenn sich die Temperaturen dem Stockpunkt nähern, genauer gesagt, wenn die erste Ausscheidung von Paraffin beginnt. Dieses Abweichen von der Geraden ist bei den Ölsorten verschieden und liegt für EL ca. bei — 5 °C, für L kann derselbe Wert angenommen werden. Für M tritt das Ausweichen der Kurve bei ca. + 5 °C ein und für S bei + 20 °C.

Die mit steigenden Temperaturen abnehmende Viskosität wird in empirischen und absoluten Maßeinheiten ausgedrückt.

Die empirischen Meßgeräte beruhen auf dem Prinzip des Messens der Ausströmzeit einer bestimmten Flüssigkeitsmenge aus einer kleinen Öffnung. In Europa ist das empirische Viskosimeter von ENGLER in Gebrauch, in den angelsächsischen Ländern das REDWOOD- bzw. SAYBOLD-Gerät.

Die ENGLER-Grade geben das Verhältnis der Ausflußzeit Öl zur Ausflußzeit Wasser an, die in einem genormten Gefäß aus einer genormten Öffnung laufen. Ein Heizöl also, das z. B. bei 20 °C eine Viskosität von 100 °Engler hat, braucht zum Ausfließen aus dem genormten Viskosimeter hundertmal so lange wie die gleiche Menge Wasser.

Das REDWOOD-Viskosimeter mißt nicht im Vergleich zu Wasser, sondern direkt als Maß die Ausflußzeit. Ein Heizöl, das z. B. bei 100 °F (= 38 °C) eine Viskosität von 400 Redwood-I hat, braucht zum Ausfließen aus dem REDWOOD-Viskosimeter eine Zeit von 400 Sekunden.

Die empirischen Meßmethoden sind jedoch derart von den jeweiligen Meßeinrichtungen abhängig, daß sie keine Werte ergeben, die als Grundlage für mathematische Berechnungen benutzt werden können. Man ist deshalb zur Messung der absoluten Viskosität übergegangen, unter Angabe in den entsprechenden Einheiten.

Dynamische absolute Viskosität (g · cm^{-1} · sec^{-1}). Die Maßeinheit ist eine Poise (P). Der hundertste Teil wird als cP bezeichnet. Wasser von 20 °C hat eine absolute Viskosität von 1 cP.

Kinematische absolute Viskosität (cm^{-2} · sec^{-1}). Die Maßeinheit ist 1 Stokes (St). Der hundertste Teil wird als cSt (Centistoke) bezeichnet.

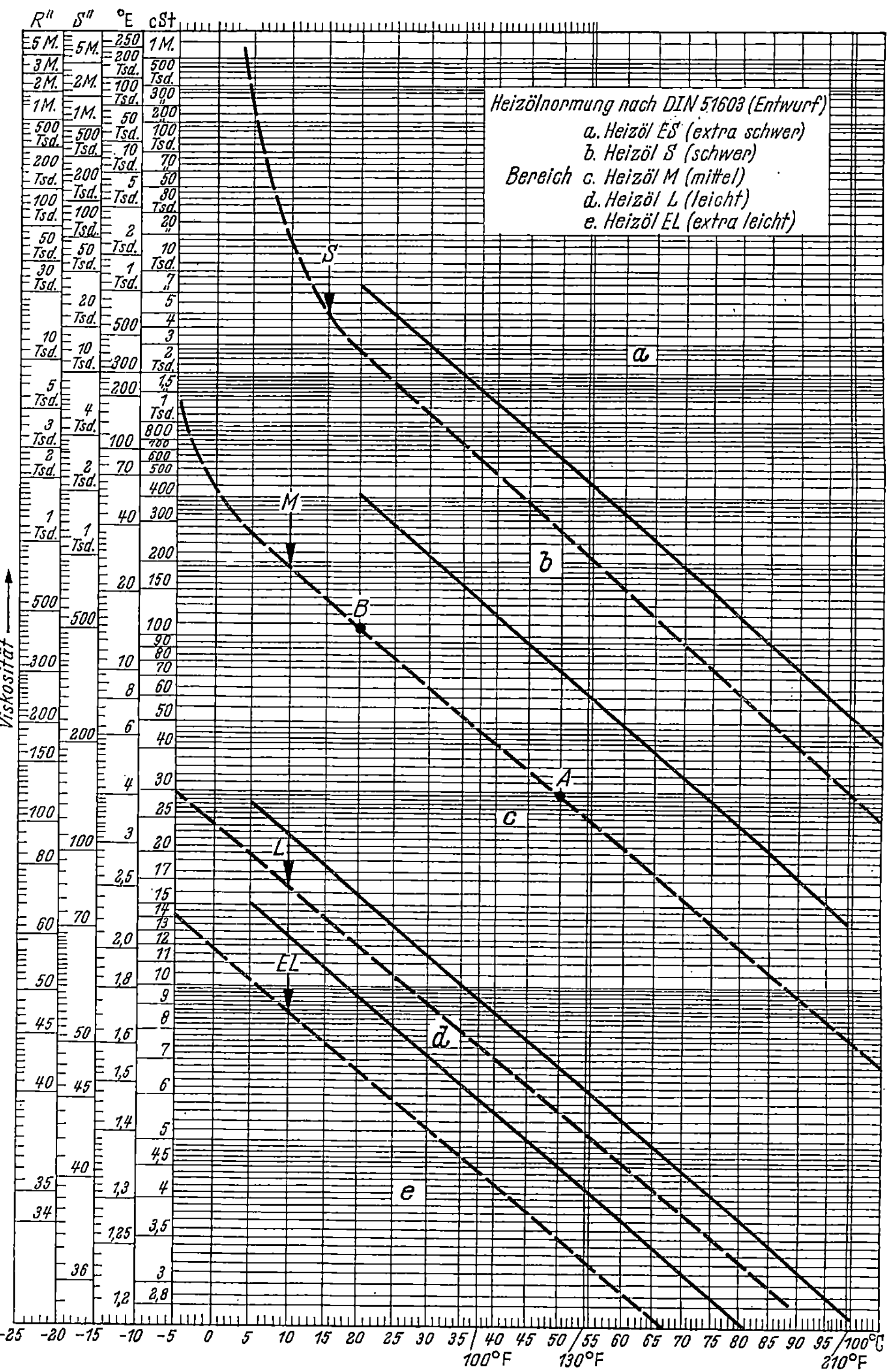

Abb. 2. Viskositäts-Temperaturblatt (ganzseitig) Heizölnormung nach DIN 51603 (Entwurf) Bereich: a) Heizöl ES (extra schwer) b) Heizöl S (schwer) c) Heizöl M (mittel) d) Heizöl L (leicht) e) Heizöl EL (extra leicht)

Bei ausländischen Angaben der Viskosität findet man oft, daß nur die REDWOOD-Sekunden ohne die an sich unerläßliche Temperatur genannt wird, z. B. 3500 Sekunden Öl. Hier wird als allgemein bekannt vorausgesetzt, daß die Viskosität sich auf 100 °F entsprechend 38 °C bezieht.

In der Abbildung ist das Viskositäts-Temperatur-Blatt dargestellt, in das die Viskositätsbereiche eingetragen sind entsprechend DIN-Normentwurf 51603. Die Heizölsorten können naturgemäß nicht mit einer einzigen Kurve vorgeschrieben werden, vielmehr ist eine zulässige Toleranz für jede Sorte angegeben, die durch den Bereich zwischen den Linien gekennzeichnet ist. Bereich *a* deutet an, daß Heizöl extra schwer ES nach oben keine Begrenzung hat, während es nach unten durch die Linie der obersten Viskosität von S abgestimmt ist. In die Bereichfelder von *a*, *b*, *c*, *d* und *e* sind die Viskositätskurven eingetragen — als gestrichelte Linien, wie sie heute als EL, M und S von den namhaften Produzenten auf den Markt gebracht werden. Das heißt, daß die Normbereiche viel weiter gefaßt sind, als sich auf Grund der Verbraucherverhältnisse die jeweilige Ölsorte von dem gestrichelt eingetragenen ca.-Wert entfernen darf, um nicht zu Schwierigkeiten zu führen.

i) Der Stockpunkt

Dieser gibt diejenige Temperatur an, bei welcher ein Heizöl vom flüssigen in den festen (steifen) Zustand übergeht. Er steht also in Zusammenhang mit der Viskosität. Im Laboratorium wird er dadurch ermittelt, daß man eine Probe in einem genormten Gefäß abkühlt, bis die Kohlenwasserstoffe mit dem höchsten Erstarrungspunkt in steifen Zustand übergehen: Der Aggregatzustand des Heizöles ändert sich, es stockt.

Es ist zu berücksichtigen, daß der Stockpunkt im Laboratorium festgestellt wird, bei dem das Glasgefäß mit dem Muster unter ständig steigender Abkühlung so oft auf den Kopf gestellt wird, bis nichts mehr fließt. Bei diesem Versuch ist das Verhältnis der Gesamtmenge zur benetzten Oberfläche sehr klein. Die Oberflächenspannungen spielen hier eine erhebliche Rolle.

Anders liegen die Verhältnisse im Tank oder in den Rohrleitungen, der Stockpunkt ist deshalb nur ein Anhalt, dessen Laborwert immer höher liegt, als in der Praxis zu erwarten ist.

k) Der Fließpunkt

Er hat dieselbe Bedeutung wie der Stockpunkt und kennzeichnet, bei welcher Temperatur das gestockte Öl wieder zu fließen beginnt. Er liegt also etwas höher in der Temperatur als der Stockpunkt. Der Fließpunkt wird in Deutschland im allgemeinen nicht angegeben.

l) Verkokungsziffer nach Conradson

Eine bestimmte Brennstoffmenge wird in einem genormten Gerät erwärmt. Die Flüssigkeit beginnt zunächst zu sieden, dann zu cracken, bis aller Kohlenwasserstoff und Wasserstoff aus der Flüssigkeit entwichen sind. Der zurückbleibende Kohlenstoff ins Verhältnis gesetzt zum eingangs eingefüllten Brennstoff ist die Verkokungsziffer. Sie wird in Gewichtsprozenten angegeben, und nach dem Erfinder der Untersuchungsmethode als CONRADSON-Zahl bezeichnet. Eine CONRADSON-Ziffer von 8% bedeutet also, daß 8% des flüssigen Einsatzes bei hoher Erwärmung in der genormten Apparatur als Koks anfallen.

Die Verkokungsziffer ist wichtig für die Beurteilung eines Öles, ob es für Verdampfungsbrenner geeignet ist, da in diesen Brennern das Öl einem vergleichbaren Vorgang ausgesetzt wird, wie bei der Ermittlung des CONRADSON-Testes. Zerstäuberbrenner zerreißen das Öl zu einem Nebel und führen es so schwebend der Verbrennung zu. Hier spielt der CONRADSON-Test nur dann eine Rolle, wenn Ölteile auf die Brennkammerwandungen fallen und nunmehr nur von einer Seite von Flammenwärme und Luftsauerstoff aktiviert vercracken und damit an der Wandung Koks bilden.

m) Der Hartasphaltgehalt

Hartasphalte sind brennbare Kohlenwasserstoffe, die aber durch sehr geringen Gehalt von Wasserstoff in der Flüssigkeit als staubfeine Schwebeteile auftreten.

Je schwerer das Öl, desto höher ist der Gehalt an Hartasphalt in der Flüssigkeit:

$$EL = \text{praktisch frei}$$
$$L = \text{ca. } 0{,}1\%$$
$$M = \text{ca. } 2\%$$
$$S = \text{ca. } 5\%$$
$$ES = \text{ca. } 7\%.$$

Diese festen großmolekularen Schwebeteile können bei Unterschreiten eines Mindestmaßes der Düsenbohrung zu Verstopfungen führen. Die Tangentialbohrungen in der Wirbelkammer und die vorgeschalteten Maschenfilter werden so fein, daß sich der Hartasphalt auf dem Maschengitter absetzt und der Filter allmählich undurchlässig wird. Die Flamme wird kleiner, um schließlich zu verlöschen.

n) Der Schwefelgehalt

Die Mittelost-Rohöle — die hauptsächlich in deutschen Raffinerien verarbeitet werden — enthalten 2% Schwefel, der sich im Heizöl in konzentrierter Form bis 4,2% wiederfindet. Der Schwefelgehalt im Heizöl ist in einer solchen chemischen Form, daß er nicht aggressiv ist. Also auch das Hinzutreten von Wasser bildet mit dem Schwefel im Heizöl keine Säuren. Heizöle sind daher chemisch neutral. Erst durch die Verbrennung des Öles wird der Schwefel zu SO_2 und SO_3 übergeführt, zu Verbindungen, die zusammen mit Wasser Säuren bilden. Die Auswirkungen sollen später bei Betrachtung des Taupunktes näher erläutert werden.

Bei einem reinen Destillat wie EL, ist naturgemäß nur wenig Schwefel zu erwarten. Der max. Gehalt beträgt 1%.

o) Der Wassergehalt

Normalerweise enthält Heizöl nur Spuren von Wasser bis 0,1%. Schwitzwasser in den Transportbehältern und Lagertanks kann den Wassergehalt vermehren. Das Wasser aus dieser Quelle sammelt sich am Boden des Tanks, wo es als eine Ölwasser-Emulsion anfällt. Wird der Tank bis auf den Boden leergefahren, so kann diese Emulsion zu Störungen führen. Der höchstzulässige Wassergehalt sollte 0,5% nicht überschreiten. Gefährlich ist das Wasser dann, wenn das Öl über 100 °C vorgewärmt wird. Dann kann das Wasser, insbesondere wenn es sich in Wasserblasen abgesetzt hat, schlagartig in Dampf übergehen und durch die damit verbundene Volumenvergrößerung den Tankinhalt schaumartig hochtreiben. Man sollte deshalb immer vermeiden, Heizöl auf so hohe Temperaturen in offenen Behältern zu erwärmen Die Heizölsorten, die hier zur Debatte stehen — EL und M — werden nicht bzw. maximal auf 80 °C erwärmt.

p) Der Siedebeginn

Der Siedebeginn liegt für Heizöl EL bei 180—220 °C. Er ist gekennzeichnet durch den Beginn des Auskochens leichter Bestandteile, wenn die Flüssigkeit künstlich erwärmt wird.

Für die Bestimmung aller vorgenannten Analysendaten ist zu beachten, daß die Werte gewissen Toleranzen unterliegen. Als ein wichtiger Punkt ist zu beachten, daß bei Vergleich von zwei scheinbar unterschiedlichen Werten, die in verschiedenen Laboratorien ermittelt wurden, unter Umständen die Differenz nur dadurch entstanden ist, daß abweichende Meßverfahren angewandt wurden, wie z. B. der Flammpunkt im offenen und geschlossenen Tiegel um ca. 30 °C auseinander liegt.

II. Beschreibung der Brennersysteme

Grundsätzlich sind zwei Verbrennungsverfahren zu unterscheiden:

Verbrennen des Öles, nachdem es verdampft wurde;
Verbrennen des Öles, nachdem es zerstäubt wurde.

Das erste Verfahren setzt ein Öl voraus, das sich rückstandslos verdampfen läßt. Da selbst bei vorzüglicher Ölqualität EL mit — wenn auch minimalen — Rückständen zu rechnen ist, hat sich der Verdampfungsbrenner in der Praxis nur für Leistungen bis zu 30 000 kcal/h eingeführt. Es ist dies ein Leistungsbereich, der Zimmeröfen, Etagenheizungen und Zentralheizungen bis 3 Liter/h Durchsatz umfaßt.

1. Zerstäuberbrenner

Für größere Leistungen müssen und können Verbrennungsapparate eingesetzt werden, die das Öl zerstäuben.

Die Anschaffungskosten einer Ölanlage mit einem Zerstäuberbrenner und einem 5000-Litertank stellen sich auf 3500.— bis 4500.— DM. Die allgemeine Preisstellung Koks zu Heizöl ist derart, daß zumindest Heizöl EL keine nennenswerten Ersparnisse zuläßt. Daraus kann geschlossen werden, daß die Ölheizung insbesondere für kleinere Leistungen bis 80 000 kcal keine „Volksheizung" wird. Interessant ist sie auf jeden Fall für Kesselleistungen über 80 000 kcal/h mit Heizöl M. Damit kommt den Zerstäuberbrennern die größere Bedeutung zu.

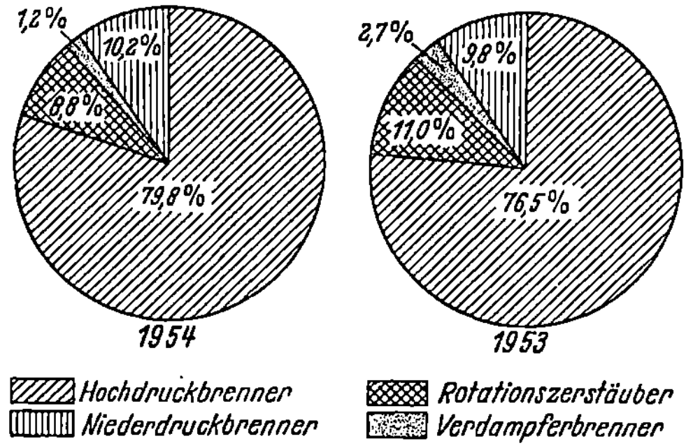

Abb. 3. Anteil der verschiedenen Ölbrennertypen am Gesamtabsatz der Ölbrenner in den USA

Aus obiger graphischer Darstellung des Anteiles der Brennertypen in den USA ist ersichtlich, wie sich die Typen verteilen. Bei der Beschreibung der Brennersysteme soll deshalb mit dem Druckzerstäuber begonnen werden.

Die inneren Zusammenhänge müssen eingehend betrachtet werden, um klarzustellen, welche Beschränkungen — insbesondere in bezug auf die untere Leistungsgrenze und den Regelbereich — dieses Zerstäubungsverfahren mit sich bringt.

a) Der Druckzerstäuber

Im Druckzerstäuber wird das Öl unter einem Druck von 5—30 atü durch eine Düse gepreßt und vernebelt. Der einfachste Zerstäuber — Gerade-Bohrung ohne Wirbeleffekt — erzielt einen harten spitzen Ölkegel mit großer Durchdringungstiefe. Die Ölteilchen haben hier nur eine achsiale Geschwindigkeit. Beim Verlassen der Düse wird der Strahl durch innere Reibungseffekte und Geschwindigkeitsdifferenzen im Ölstrom aufgerissen. Der Ölstrom stößt sich dabei an der relativ ruhenden Atmosphäre in der Brennkammer. Die entstehenden Tropfen sind groß.

Um eine bessere Vernebelung zu erzielen, wird der Düsenbohrung eine sog. „Wirbelkammer" vorgeschaltet.

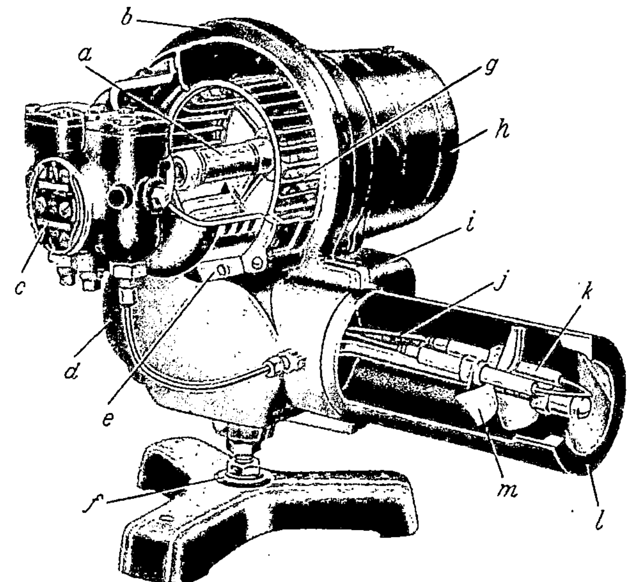

Abb. 4. Druckzerstäuber „Pohle Quiet-Heet"

a Antriebswelle; *b* Brennergehäuse; *c* Zahnradpumpe; *d* Öldruckleitung; *e* Luftregulierschieber; *f* Verstellbarer Fuß; *g* Trommelgebläse; *h* Antriebsmotor; *i* 10 000-Volt-Trafo; *j* Elektroden-Leitung; *k* Zündelektroden; *l* Stauring; *m* Luftwirbulator

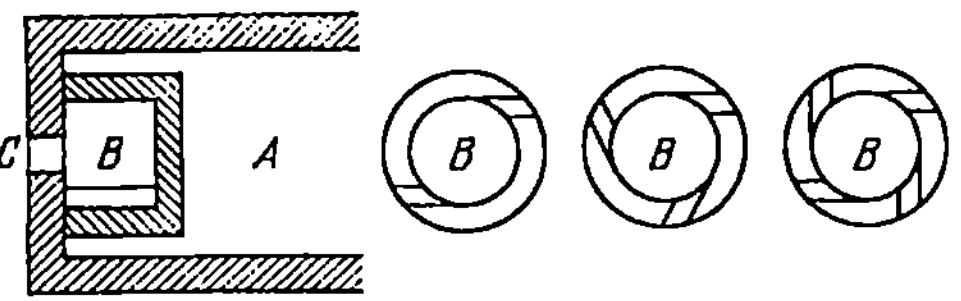

a

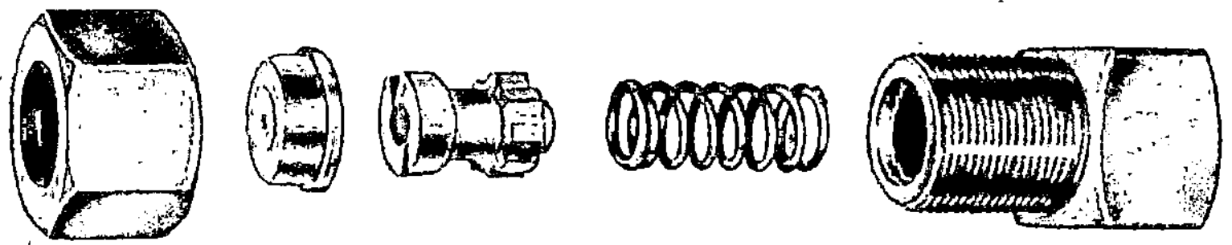

b

Abb. 5 a u. b. Wirbelkammer des Druckzerstäubers
A Brennerrohr; *B* Wirbelkammer; *C* Düsenbohrung

Wirbelkammereffekt. Der Ölstrom wird nun nicht mehr unmittelbar durch die Düsenbohrung gepreßt. Ein Zylinder mit tangentialen

Bohrungen sitzt vor der Düse. Das Öl tritt von außen nach innen durch die Bohrungen in die Kammer, wobei es durch den tangentialen Eintritt zur Kammer in Drehung versetzt wird. Dem Öl werden beim Verlassen der Düse zwei Geschwindigkeitskomponenten aufgezwungen:

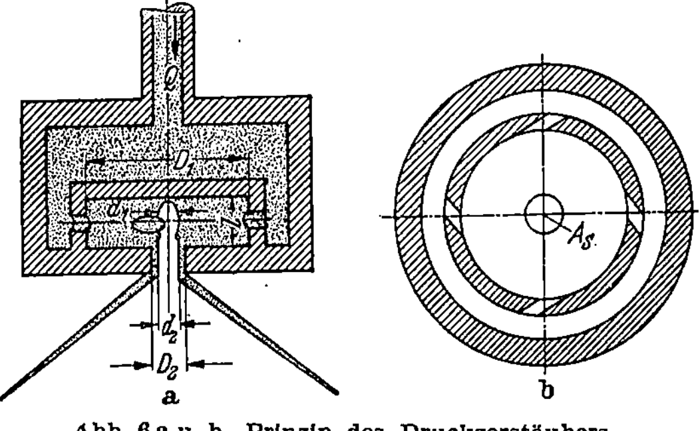

Abb. 6 a u. b. Prinzip des · Druckzerstäubers

eine in achsialer Richtung, eine durch den Wirbeleffekt in radialer Richtung. Tatsächlich bewegt sich das Öl auf der Resultierenden der beiden Kräfte und weitet sich im Verhältnis der Kräfte zu einem flachen oder spitzen Kegel aus.

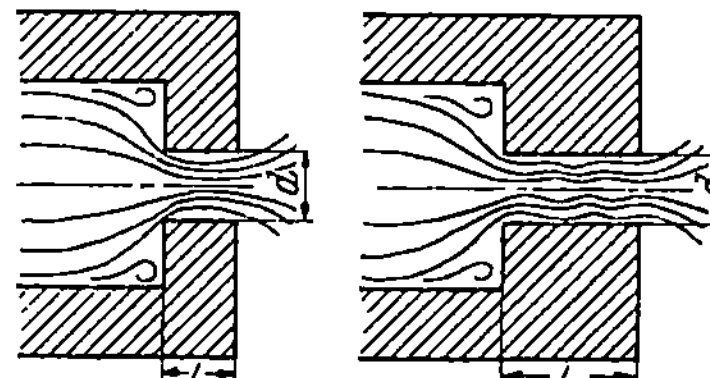

Abb. 7   Geschwindigkeitskomponenten im Flüssigkeitsstrom eines Druckzerstäubers mit Wirbelkammer

V_R = Radial-Geschwindigkeit
V_t = Tangential-Geschwindigkeit
V_d = Axial-Geschwindigkeit

Abb. 8.   Einfluß langer und kurzer Düsenbohrung

Einfluß der Düsenbohrung. Die Kegelweite wird durch den Öldruck beeinflußt, ferner durch die Gesamtfläche der Tangentialbohrungen, die Viskosität der Flüssigkeit und die Ausführung der Düsenbohrung.

Eine Vergrößerung des Bohrungsdurchmessers verringert die Achsialgeschwindigkeit, während die Radialgeschwindigkeit gleich bleibt oder größer wird. Die Folge ist eine Verminderung der Durchdringungstiefe des Öles in der Brennkammer.

Eine Verlängerung der Düsenbohrung gibt dem Strahl mehr Richtkraft, vergrößert die Durchdringungstiefe und verringert durch Reibung in der Bohrung die Drehgeschwindigkeit. Der Zerstäubungskegel wird enger. Mit diesen beiden Variablen ist dem Konstrukteur ein gutes Mittel an Hand gegeben, die Kegel- bzw. Flammenform zu beeinflussen.

Dem Ölstrom wird durch die Drehung eine Spiralbewegung aufgezwungen.

Lufttrichter in der Düsenbohrung. Auf Grund der Gleichung für einen Wirbel ermittelt sich das Vorhandensein eines Lufttrichters im Zentrum des Wirbels, da mit $r = 0$ die Geschwindigkeit v unendlich

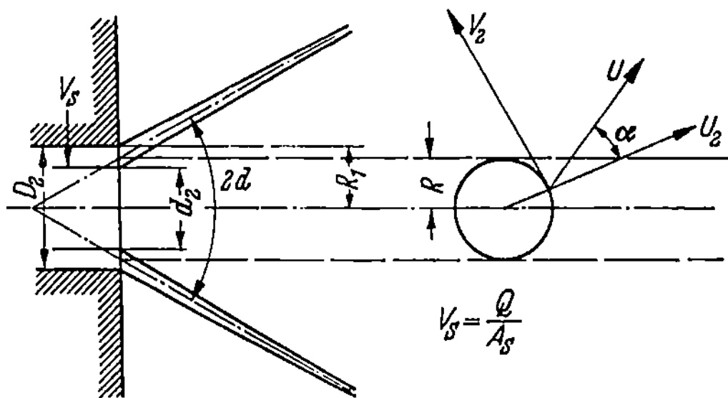

Abb. 9. Streuwinkel, Axial- und Tangential-Komponenten des Druckzerstäubers

$$V \cdot R + V_s \cdot R_1 = \text{const.}$$
R = Radialer Abstand
R_1 = max. Bohrungsradius
Q = kg/h Durchsatz

V = Tangential-Geschwindigkeit
V_s = Geschw. Austritt-Tangential-Bohrung
A_s = max. Bohrungsfläche

$$V_s = \frac{Q}{A_s} \quad \text{Gleichung für einen Wirbel}$$

wäre, was logischerweise unmöglich ist. Die Radialgeschwindigkeit steigt folglich mit Verkleinern des Radius und hat ein Maximum am Lufttrichter, d. h. daß der Ölstrom die Bohrung nicht ausfüllt, sondern sich als rotierende Haut durch die Bohrung bewegt.

Zu vermerken ist, daß die Geschwindigkeiten auf der Innen- und Außenseite der Haut verschieden sind. Diese Erscheinung führt zu einer Mischungstendenz, die die Zerstäubung begünstigt.

Einfluß der Viskosität. Entscheidenden Einfluß auf die beschriebenen Strömungsvorgänge

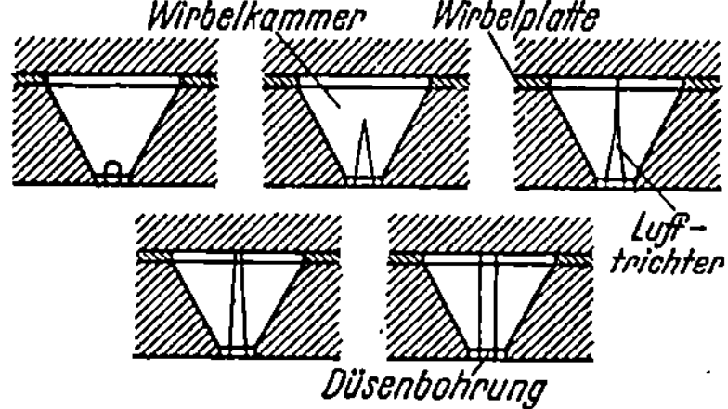

Abb. 10. Lufttrichter im Druckzerstäuber

hat die Viskosität. Sie wirkt sich in zwei Richtungen aus.

Die Reibung innerhalb der Flüssigkeit wächst mit steigender Viskosität und setzt die Tangentialgeschwindigkeit herab. Damit wird der Zerstäubungskegel spitzer.

Die Reibungsfläche zwischen Flüssigkeit und metallischer Wandung des Zerstäuberkopfes ist viskositätsabhängig. Steigt die Viskosität, so ist die Bremsschicht dicker und damit wächst die Stärke der rotierenden Ölhaut. Die Folge ist eine Durchflußvergrößerung bei steigender Viskosität bis zu einem Maximalwert. Dann fällt die Durchflußmenge durch Überwiegen der bremsenden Schubkräfte in der Flüssigkeit.

Es wird darauf hingewiesen, daß derartige graphische Darstellungen von relativem Wert sind. Sie sind — wie aus Obigem klar wird — weitgehend von der konstruktiven Auslegung der Düse abhängig. Es ist also nicht möglich, aus dem obigen oder ähnlichen Kurvenblättern Rückschlüsse für jede Düse zu ziehen, die über die allgemeine Tendenz hinausgehen.

Regelbereich der Druckzerstäuber. Bei Druckzerstäubern wird der Durchsatz also durch Druck, Düsenkonstruktion und Viskosität bestimmt. Der Durchsatz ist etwa proportional der Quadratwurzel des Druckes. Diese Tatsache begrenzt die Regelfähigkeit dieser Zerstäubertypen. Um z. B. einen Regelbereich von 3:1 zu erzielen, müßte der Druck um 9:1 geändert werden. Derartig weitgehende Druckveränderungen zerstören die Zerstäubungsfeinheit, so daß für reine Druckzerstäuber ein Regelbereich von 1:2 als Grenze angesehen werden muß.

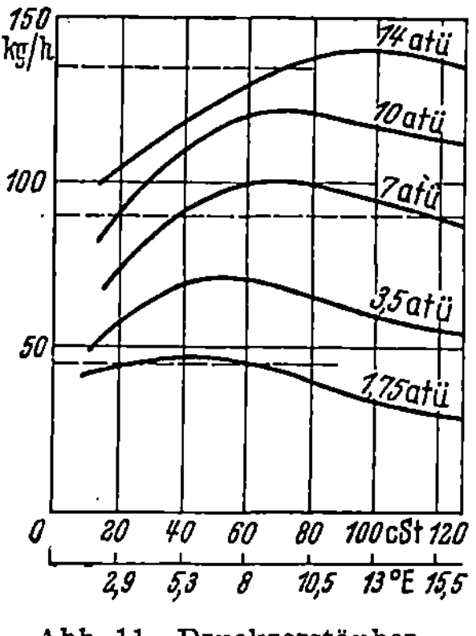

Abb. 11. Druckzerstäuber-Durchsatz in Abhängigkeit von der Viskosität bei verschiedenen Arbeitsdrücken

Diese Feststellungen stehen im Gegensatz zur Strömung aus glatten Rohren, bei denen Druck und Durchsatz direkt proportional sind.

b) Regelbare Druckzerstäuber

Abschließend sei darauf hingewiesen, daß es heute insbesondere drei Druckzerstäuber-Ausführungen gibt, die einen weiteren Regelbereich ermöglichen.

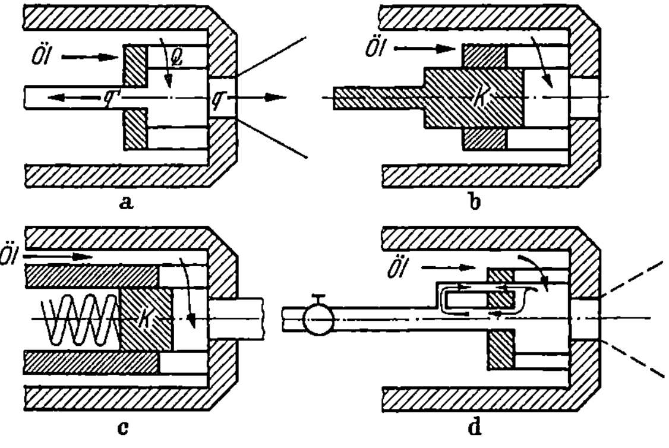

Abb. 12. Regelbare Druckzerstäuber

a Rücklaufzerstäuber; *b* Tangentialschlitzveränderung durch Kolben *K* (Spaltregelzerstäuber); *c* Federbelastete Tangentialschlitzverstellung; *d* Kombinierter Rücklaufzerstäuber

Grundlage für diese Entwicklungen ist die Erkenntnis, daß der Druck an der Düse unverändert bleiben muß, soll die Zerstäubungsfeinheit nicht gestört werden, und daß das Öl sich als dünne Haut durch die Düsenbohrung dreht.

Im Rücklaufzerstäuber befindet sich in der Mitte der Bodenplatte der Wirbelkammer eine Rücklaufleitung. Durch Regulieren der Rücklaufmenge kann ein Regelbereich bis zu 1:3,5 erreicht werden bei gleichbleibender Zerstäubungsfeinheit.

Die zweite Möglichkeit ist die Veränderung der Tangentialschlitzlänge. Die Eintrittsbohrungen in die Wirbelkammer sind hier keine Bohrungen, sondern enge Schlitze. Durch einen mechanisch bewegten Kolben K oder einen federbelasteten Kolben, der von hinten durch Öldruck gesteuert wird, werden die Tangentialschlitze mehr oder weniger verdeckt. Der Druck in der Wirbelkammer und damit die Verwirbelung bleiben gleich, aber der Öldurchfluß wird verändert. Derartige Brenner haben einen Regelbereich von 1:9.

Einen Regelbereich von 1:10 erreicht man durch Kombination des Rücklaufzerstäubers mit Umlaufkanälen vom Wirbelkammerboden zur Rücklaufleitung. Der Öldruck in der Wirbelkammer ist am größten am Außenrand des Wirbels, am niedrigsten in der Mitte, wo der Rücklaufkanal mündet. Zapft man nun den Ölwirbel an, so wird hier Öl zum Rücklauf abgeführt, da an der Anzapfstelle der Druck höher ist als in der Rücklaufleitung. Je nach Vergrößerung des Rücklaufdruckes wird mehr oder weniger Flüssigkeit abgeführt. Der Wirbel wird nicht gestört, wohl aber wird die Ölhaut in der Düsenbohrung schwächer und damit der Durchsatz geringer.

c) Der Rotationszerstäuber (Drehzerstäuber)

Will man eine gleitende Regelung verwirklichen in einem weiteren Regelbereich als 1:2, so wird man den Rotationszerstäuber vorsehen.

Der Aufbau dieses Brenners ist aus der Schnittzeichnung ersichtlich. Ein konischer Becher in der Form eines schlanken Blumentopfes wird durch die Zerstäuberwelle (3) in hohe Umdrehungen versetzt. Mit geringem Zulaufdruck wird das Heizöl am Boden des Bechers durch die hohle Zerstäuberwelle zugeführt und im Becher durch die Fliehkraft ausgezogen und vom Rand des Bechers abgeschleudert. Zur einwandfreien Zerstäubung ist eine Umfangsgeschwindigkeit des Bechers von etwa 60 m/sec erforderlich.

Dieses Zerstäubungsprinzip ähnelt weitgehend dem Wirbelkammereffekt des Druckzerstäubers. Auch hier wird dem Öl eine radiale Geschwindigkeit aufgezwungen, die im umgekehrten Größenverhältnis zur achsialen Schubkraft liegt, wie beim Druckzerstäuber. Die achsiale Geschwindigkeitskomponente wird durch die Konussteigerung des Bechers und die Drehgeschwindigkeit bestimmt.

Je nach der Umdrehungszahl des Bechers kann man drei Phasen unterscheiden. Bei niedriger Rotationsgeschwindigkeit wird ein flüssiger Ring am Becherrand gebildet, aus dem Tropfen herausreißen, die beträchtliche Größe aufweisen.

Bei steigender Rotationsgeschwindigkeit zieht das Heizöl in dünnen Streifen vom Rande ab. Die Streifen sind labil durch Schwingungen und Turbulenz in der Flüssigkeit und zerreißen nach wechselnder Entfernung vom Becherrand in Tropfen.

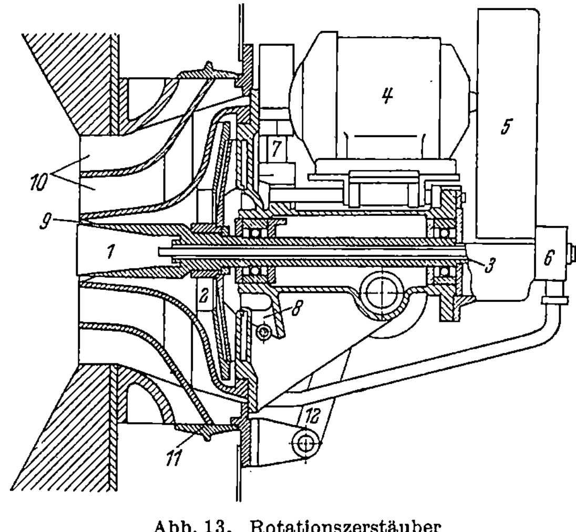

Abb. 13. Rotationszerstäuber

1 Zerstäuberbecher	8 Primärlufteintritt
2 Primärluftgebläse	9 Primärluftdüse mit Leitschaufeln
3 Zerstäuberwelle	10 Sekundärluftdüse
4 Antriebsmotor	11 Regulierschieber
5 Keilriementrieb	12 Hebel für gemeinsehaftliche Regu-
6 Ölzuführung	lierung von Öl und Luft
7 Angelbolzen	

Bei weiter steigender Geschwindigkeit bildet sich vom Rand des Bechers ein geschlossener, glockenförmiger Ölfilm, der zum Rand dünner werdend, so schwach wird, daß die Fliehkräfte die Kohäsionskräfte in der Flüssigkeit überwiegen. Vom Rand der Glocke spalten sich sehr feine gleichmäßige Tropfen ab.

Dieser Abhängigkeit der Zerstäubung von der Umdrehungszahl wird dadurch Rechnung getragen, daß Rotationszerstäuber in allen Regelbereichen mit gleicher Umdrehungszahl arbeiten.

Der Durchsatz ist nur vom Ölzufluß abhängig. Unterschiedliche Viskosität des Öles wirkt sich durch erhöhte innere Schubkräfte in einer Veränderung der Glockenweite aus bzw. in einer veränderten Zerstäubungskegelgröße.

Die Breite des Zerstäubungskegels wird in einfacher Weise von der Verbrennungsluft beeinflußt, die aus der Primärluftdüse (9) auf den

Kegel gedrückt wird. Diese Luft erhält außerdem durch Leitbleche einen Drall, der der Öldrehung entgegengesetzt ist. Der Erfolg ist eine gute Luft-Öl-Durchmischung.

Der Vorteil dieser Brenner liegt in dem weiten Regelbereich bis 1:10, in dem Mangel an engen Querschnitten in den Ölwegen und in der Unempfindlichkeit gegenüber Viskositätsschwankungen.

Der Nachteil — und dieser ist von Bedeutung bei der Verwendung dieses Brennersystems für Gebäudebeheizungen — liegt in der Schwierigkeit, das Öl mit einem Lichtbogen zum Zünden zu bringen. Der Grund liegt einmal in dem weiten Ölkegel, so daß die Zündflamme nicht herumschließt, zum anderen in der Ermangelung feiner Streutropfen, die die Zündung einleiten. Die Tropfengröße liegt bei Rotationszerstäubern mit enger Toleranz um 100 μ herum.

In der Praxis muß man bei vollautomatischer „An-Aus"-Schaltung die Zündung über eine Gasflamme wählen, die wiederum entweder ununterbrochen oder jedes Mal durch Lichtbogen gezündet wird.

Bevorzugt wird dieses Brennersystem für gleitende Regelung, wobei der Brenner nicht ausgeht. Die Verbrennungsluft wird über eine Kurvenschiene gleichlaufend mitgesteuert.

Der Antrieb des Brenners erfolgt durch E-Motor oder Luftturbine. Die Zerstäubungsenergie aller Brennersysteme ist bei gleicher Ölsorte etwa gleich groß.

Der Rotationszerstäuber stellt keine Ansprüche an die Ölsorte. Er verlangt eine Viskosität von 2—4 °Engler im Becher. Wegen seines komplizierten Aufbaues ist er teurer als der Druckzerstäuber. Sein Anwendungsgebiet liegt vornehmlich bei größeren Kesseln über 250 000 kcal/h mit halbautomatischer gleitender Regelung zwischen Vollast und Sparflamme.

d) Injektions-Zerstäuber

Abweichend von den beiden oben beschriebenen Brennersystemen sind die Injektionszerstäuber.

Ihr Prinzip beruht auf dem System des Injektors. Das Öl wird durch Dampf oder Druckluft angesaugt und an der Brennermündung durch den Aufprall des Zerstäubungsmediums in feinste Partikelchen zerrissen. Außerhalb der Düse findet eine weitere Zerteilung der Öltröpfchen dadurch statt, daß der Dampf oder die Druckluft sich nunmehr ausdehnen und damit dem Öltropfen einen Impuls geben.

Für Gebäudebeheizungen kommen fast nur Druckluftzerstäuber in Frage, da kein Hochdruckdampf vorhanden ist. Der Druckluftzerstäuber hat einen Regelbereich von 1:3 und ist durch die feinste Zerstäubung aller Systeme gekennzeichnet (25—30 μ).

Ursprünglich wurde dieses System für die Verbrennung von Teerölen entwickelt. Das heißt für Öle, die auf Grund ihrer korrosiven

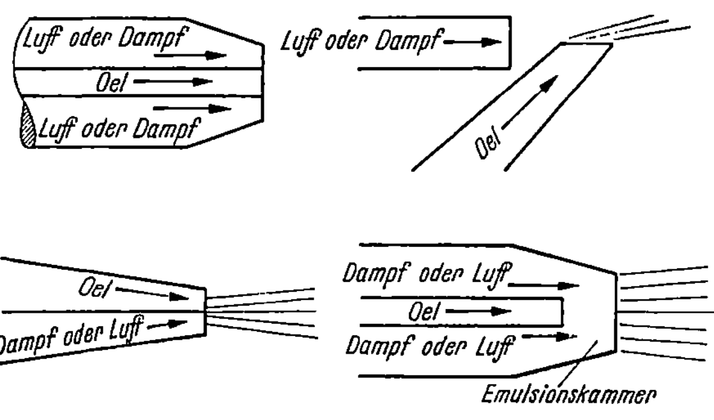

Abb. 14 a. Injektionszerstäuber

Eigenschaften indirekt zerstäubt werden müssen. Diese Typen sind für Teeröle wie für Heizöle aus Erdöl geeignet. Zu beachten ist, daß Teeröle leichter verbrennen als mittelschweres oder schweres Heizöl aus Erdöl. Man kann deshalb nicht immer einen Druckluftzerstäuber von Teeröl auf Heizöl M oder S (wohl auf EL oder L) umstellen, ohne den Düsenkopf zu verändern bzw. die Zerstäubungsluft vorzuwärmen.

Die geforderte Viskosität am Brenner ist 2 °Engler, die bei leichtem Teeröl bzw. Heizöl EL und L gegeben ist. Heizöl M muß auf 60—80 °C vorgewärmt werden, Heizöl S auf 100—110 °C.

In der Abbildung sind die 4 Arten schematisch dargestellt, die als Injektionszerstäuber auf dem Markt sind.

Links oben ist das Öl-zulaufrohr von einem düsenförmig eingeengten Mantelrohr umgeben, durch das Druckluft oder Dampf ringförmig auf das Öl trifft.

Rechts oben Prinzip der Blumenspritze.

Abb. 14 b. Hochdruckzerstäuber mit Kompressor
(Fulmina, Mannheim)
1 Motor; 2 Gebläse; 3 Kompressor

Links unten Flachdüsenbrenner für Lokomotiven. Öl und Luft liegen hier untereinander und treten aus flachen Düsen aus. Das Öl fällt auf den Dampf oder Druckluftstrom, der aus der unteren Düse heraustritt.

Rechts unten ist das Ölrohr mit seinem Ende etwas von der Düsenöffnung zurückgezogen. Hier tritt eine erste Öl—Luft-Durchmischung und Vorzerstäubung bereits in der Brennermündung ein, die endgültige Zerstäubung findet außerhalb der Emulsionskammer statt.

Für Gebäudebeheizung verwendet man Kompressorbrenner der erstbeschriebenen Anordnung. Diese Brenner sind meist eine ähnliche Einheit wie ein Druckzerstäuber, nur daß durch die Motorwelle außer Gebläse und Drucölpumpe noch ein Kompressor angetrieben wird. Die Fahrweise ist vollautomatisch mit „An-Aus"-Schaltung. Zündung über Transformator und Lichtbogen.

Um für Warmwasser- und Niederdruckdampfkessel eine Möglichkeit zu schaffen, Dampf als Zerstäubungsmedium einzusetzen, wurde der Eigendampfzerstäuber entwickelt.

Der Brenner besteht aus einem Hochdruckdampf-Flammrohrkessel, in dem der für die Zerstäubung des Öles benötigte Dampf von 1,2 bis 2,8 atü (je nach Brennergröße und Leistung) erzeugt wird. Dieser Flammrohrkessel ist nichts anderes als der Ersatz des Schamotte-Muffelsteines — durch den der Brenner in den Kessel brennt — durch einen ähnlich geformten Blechkörper. In diesem Blechkörper befindet sich wie in einem Kessel Wasser, das durch die Wärmeabstrahlung der Ölflamme verdampft wird.

Dieses Zerstäubungssystem ist in der Lage, leichte wie schwere Heizöle aus Erdöl und Teeröl zu verbrennen. Die Durchsätze je Ölsorte unterliegen denselben Begrenzungen wie bei den anderen Zerstäubersystemen.

Der Vorteil des Eigendampfzerstäubers ist sein robuster, einfacher Aufbau ohne hochbelastete mechanische Teile wie z. B. Kompressor. Sein Nachteil liegt in dem Mangel, daß er nicht in „An-Aus"-Schaltung gefahren werden kann, sondern nur in gleitender Regelung, die für Dampfdruckzerstäuber einen Bereich bis 1:5 erreichen läßt.

Dieser Brenner ist somit insbesondere für Anlagen interessant, die mittelschweres oder schweres Heizöl über 80 000 kcal/h leisten.

e) Der Emulsionsbrenner

Als letzter der Zerstäubungsbrenner ist der Emulsionsbrenner zu nennen.

In einem Kapselgebläse werden Luft und Heizöl emulgiert. Dieser Schaum wird zu einem Schwimmergehäuse gedrückt, wo sich Luft und Öl teilweise scheiden. Der Luftdruck auf dem Öl treibt dieses durch das innere Rohr zur Brennermündung. Im Mantelrohr wird die Luft der Mündung zugeführt. Hier wird das Öl nach dem Prinzip des Injektionsbrenners zerstäubt.

Der Vorteil dieses Verfahrens liegt in dem Emulsionseffekt. Kleinste Luftbläschen bleiben bis zur Düse in dem Heizöl enthalten und setzen damit die Viskosität des Öles so weit herunter, daß mittelschweres Heizöl überhaupt nicht vorgewärmt zu werden braucht. Schweres Heizöl muß nur auf pumpfähige Viskosität entsprechend 50 °C vorgewärmt werden.

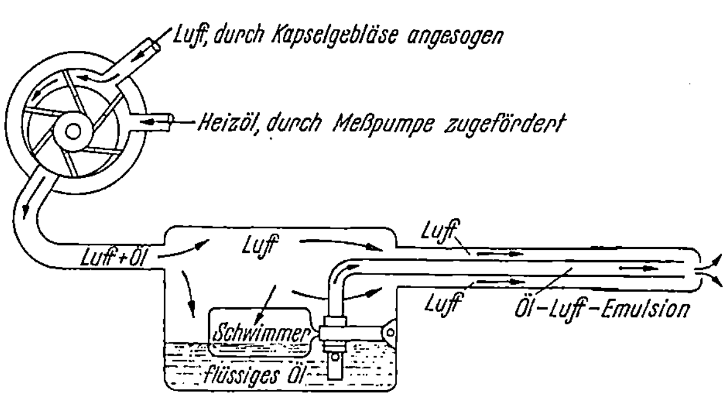

Abb. 15. Luft-Öl-Emulsionsbrenner

Man kann bei Heizöl M mit diesem Brenner auf jegliche Vorwärmung verzichten, was Kosten bei der Installation wie im Betrieb erspart. Nach dem gegenwärtigen Stand der Entwicklung ist der Mindestdurchsatz dieser Brenner 8 kg/h bei Heizöl M. Für Teeröl ist dieses System ungeeignet.

Der Regelbereich liegt bei 1:3. Als Automatik wird „An-Aus"-Schaltung vorgesehen.

2. Zusammenfassung der Zerstäuberbrenner

Allen vorgenannten vier Brennersystemen gemeinsam ist eine untere Leistungsgrenze, die teils vom Zerstäubungsverfahren, teils von der Ölsorte abhängig ist. Sie liegt nach dem gegenwärtigen Stand der Entwicklung für

Heizöl EL bei   30000 kcal/h bzw. 3 kg/h
Heizöl M bei   80000 kcal/h bew. 8 kg/h
Heizöl S   bei 150000 kcal/h bzw. 20 kg/h.

Die Gründe für diese Begrenzungen liegen vornehmlich in folgenden vier Punkten, die teils alle betreffen, teils ein Nachteil einzelner Systeme sind:

a) Verunreinigungen im Heizöl — b) Brennkammer-Bedingungen — c) Fabrikationsgrenzen für Düsen — d) Charakteristik der Gebläse.

a) Verunreinigungen im Heizöl

Allen Heizölsorten aus Erdöl ist gemeinsam ein Gehalt an Hartasphalt, dessen Anteil und Bedeutung unter Analysendaten erläutert wurde. Teeröle enthalten damit vergleichbar Pech, d. h. feste Kohlenstoffteilchen. Es soll hier nochmals betont werden, daß Hartasphalt wie Pech brennbare Stoffe sind und nicht — wie oft fälschlich angenommen — Unverbrennbares darstellen, das sich wie Asche ablagert. Was sich bei falscher Elektrodenstellung an diesen ansetzt bzw. an der Brennkammerwandung aufbaut, ist Koks aus gecracktem Heizöl, dessen Anteil im Heizöl durch den CONRADSON-Test gekennzeichnet ist.

Hartasphalte bzw. Pech können trotz ihrer Feinheit zu Störungen Anlaß geben, wenn die Brennerquerschnitte — insbesondere der Filter — den Durchgang behindern.

Es besteht nun die Möglichkeit, Brennersysteme zu benutzen, die keine engen Querschnitte aufweisen, etwa Druckluft- oder Rotationszerstäuber.

Druckluftzerstäuber scheiden für Leistungen unter 3 kg/h aus, da bei diesem System der konzentriert zugesetzte Druckluftanteil entweder die Flamme kalt bläst, oder der Ölnebel so hohe Geschwindigkeit annimmt, daß die Zündgeschwindigkeit überschritten wird und die Flamme — wenn sie überhaupt entsteht — abreißt.

Rotationszerstäuber fallen für Leistungen unter 3 kg/h aus wegen der hohen Installationskosten und wegen der übergroßen Drehgeschwindigkeit.

b) Brennkammerbedingungen

Der Verbrennungsvorgang des Öles ist vereinfacht folgender: Durch starke Hitzeeinwirkung, katalytischen Einfluß der Ofenatmosphäre und Sauerstoffmangel im Kern der Flamme vercracken die Öltröpfchen. Eine Wasserstoffabspaltung findet statt, durch welche der Tropfen kohlenstoffreicher wird, bis er endlich bei entsprechender Flammentemperatur und Konzentration in festen Zustand übergeht. Die so entstehenden Kohlenstoffskelette geraten in Weißglut und strahlen. In der weiteren Reaktion verbrennen die Skelette bis zum Flammenende bzw. bei Sauerstoffmangel oder Abkühlung beginnen sich die Abgase durch abgekühlte Kohlenstoffteilchen schwarz zu färben. Die Heizölsorten benötigen mit steigendem Anteil an schweren Kohlenwasserstoffen bei EL, L, M, S und ES wachsenden spezifischen Verbrennungsraum zum Ausbrand. Er beträgt für Heizöl S in einem „kalten" Verbrennungsraum — wie es praktisch der Warmwasser- und Niederdruckdampfkessel ist — rund das fünffache Volumen wie bei Heizöl L. Bei Kesseln kleiner Leistung, die für Koks gebaut sind, ist der Brennraumbedarf für Koks geringer als für Heizöl M oder S, wenn die Bedingung gestellt wird, daß die Abgastemperatur gleich bleibt. Weiter fehlt in einer solchen Brennkammer die Wärmerückstrahlung der Wandung, die das zum Nebel aufbereitete Öl zum Verdampfen, Aussieden der leichten Bestandteile und Cracken der schweren Kohlenwasserstoffe führt bis zum endgültigen Ausbrand der Kohlenstoffskelette.

Will man die Reaktionen beschleunigen — den Brennraumbedarf also verkleinern —, so kann man den Verdampfungs- und Crackprozeß stützen durch hohe Ölvorwärmung und Feinstzerstäubung mittels Hochdruck und Luftvorwärmung. Die Luft müßte — um eine Vergasungswirkung zu haben — eine Temperatur um 600 °C haben. Diese Bedingung ist bei einer Gebäudeheizanlage nur schwierig und kostspielig zu verwirklichen.

Man kann schweres Heizöl zwar vorwärmen, bis es eine Viskosität unter 1,5 °E hat. Es ist aber zu befürchten, daß bei diesem übermäßigen Vorwärmen durch Sieden Gase gebildet werden, die die Flamme abreißen lassen.

Das Öl läßt sich durch einen Arbeitsdruck von über 100 atü wie im Diesel zerstäuben. Derartige Drücke sind mechanisch für diesen Zweck im Dauerbetrieb unsicher. Außerdem hat dieser Ölnebel durch eine zu geringe Masse des einzelnen Tröpfchens keine Achsialgeschwindigkeit. Die Flammenform kann nicht mehr beherrscht werden, die Düsen sind durch Verkoken gefährdet.

Die Durchmischung von Luft und Öl wird bei den beiden vorgenannten Möglichkeiten schwierig. Wird auf Höchstdruck und übermäßige Vorwärmung verzichtet, bleibt zu betrachten, ob durch intensive Luft—Öl-Durchmischung eine Kürzung der Flamme zu erzielen ist.

Bei schwerem und mittelschwerem Heizöl wird durch übermäßigen Luftdruck, zuviel Drall und zu steile Luftanstellung die Flamme entweder kalt geblasen — sie flackert oder reißt ab — oder die Zündgeschwindigkeit überschritten.

Die Flamme läuft rückwärts dem Ölluftgemisch aus dem Brennermaul entgegen. Ist der Ölluftstrom schneller als die Flammengeschwindigkeit, so kommt es entweder gar nicht zur Zündung, bestenfalls zu einzelnen Flammenstößen — mit Explosionen zu vergleichen — oder die Verbrennung findet erst in einiger Entfernung von der Düse statt, wo sich der Ölluftstrom an dem Luftwiderstand im Kessel soweit gebrochen hat, daß die Zündgeschwindigkeit unterschritten wird. Bei Druckluftzerstäubern liegt der Zerstäubungsnebel punktweise an der Grenze der Zündgeschwindigkeit. Die Verbrennung verläuft bei diesem System mit einem starken Flammengeräusch. Das Abreißen der Flamme ist oftmals auch schon bei Druckzerstäubern für Heizöl EL und L zu beobachten. Hier hilft der Anbau eines Diffusors. Hierunter ist ein Trichter oder Zylinder zu verstehen, der — auf das Düsenrohr aufgesetzt — die hohe Geschwindigkeit der Gebläseluft im Bereich der Düse bremst. Es entsteht damit ein beruhigtes fettes Öl-Luftgemisch, das unmittelbar an der Düse mit der Flamme ansetzt; ein Punkt, der für die Wirtschaftlichkeit des Kessels bei Ölfeuerung von Bedeutung ist, denn je früher sich die Flamme entwickelt, desto länger ist der Weg, der den Abgasen zur Abgabe der Wärme zur Verfügung steht. In extrem ungünstigen Fällen schlagen sonst die Flammen bis in den Schornstein.

c) Fabrikationsgrenzen für Düsen

Die Herstellung von Öldüsen bis herunter auf 3 kg/h Durchsatz erfordert eine hervorragende Präzision und eine Unzahl von Experimenten. Aus Vorgesagtem ist klar, daß sich der Durchfluß mathematisch kaum erfassen läßt. Es gibt nur wenige Spezialfirmen auf der Welt, die alle Brennerbaufirmen mit Düsen versorgen. Trotz größter Sorgfalt sind beispielsweise Düsen für 20 kg/h kaum unter einer Toleranz von $\pm$ 5% herzustellen. Diese Forderung entspricht bei 20 kg/h $\pm$ 1 kg/h und ist zulässig, denn eine mindest ebenso große Toleranz ergibt sich aus den Variationen der Viskosität. Wollte man von der Düse eine geringere Toleranz verlangen, müßte man folgerichtig einen Viskositätsregler einbauen, Forderungen, die keiner stellt — abgesehen davon, daß Viskositätsregler ca. 4000.— DM kosten. —

Ist also einerseits eine brauchbare Düse für Leistungen unter 2,5 kg/h nicht herzustellen, so liegen andererseits die Querschnitte für derartige Düsen unter 0,1 mm. Sie sind derartig empfindlich, daß als brauchbarer Minimaldurchsatz für vollautomatische Druckzerstäuber 3 kg/h entsprechend einer Kesselleistung von etwa 30000 kcal/h anzusehen sind.

d) Charakteristik der Gebläse

Die meisten Brenner sind mit einem Gebläse ausgerüstet, das 15 Nm³ Luft pro kg Heizöl leistet. Der stöchiometrische Luftbedarf für 1 kg Heizöl beträgt 10,3 Nm³. Es ist also ein Luftüberschuß von ca. 40% möglich. Gebläse und Gehäuse der kleinsten Typen sind für ein Leistungsspiel von 4—10 kg/h Heizöl ausgelegt.

Das Diagramm in Abb. 17 kennzeichnet die Charakteristik eines solchen Trommelgebläses. Folgt man der Kurve von rechts nach links, so sieht man, daß mit einer Verminderung der Luftmenge der Druck zunächst ansteigt, um nach einem Wendepunkt abzufallen. Die Folge ist ein unregelmäßiger, stoßender Luftstrom. Abgesehen von der schlechten Zerstäubung und pulsierenden Flamme ergibt sich aus dem Druckabfall eine derart geringe Luftgeschwindigkeit, daß der Luftstrom auf Diffusor, Drallbleche, Stauringe und ähnliche Einbauten

3*

nicht mehr anspricht. Als Maß für eine wirkungsvolle Verwirbelung der Luft im Brenner ist ein Druckabfall von 20 mm WS anzusehen.

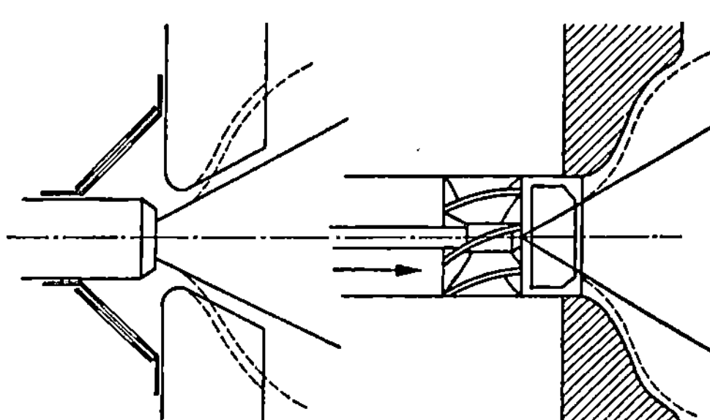
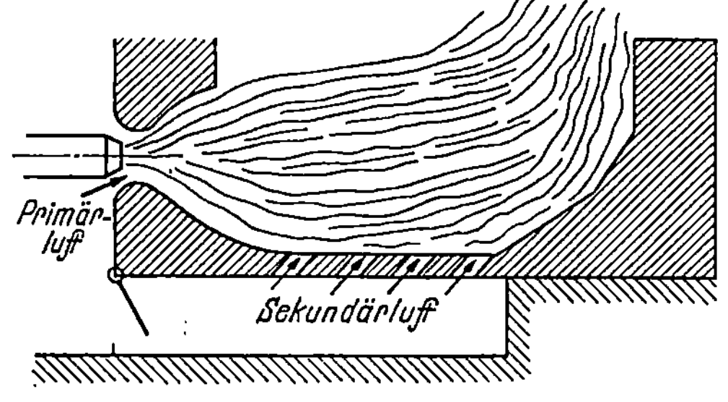
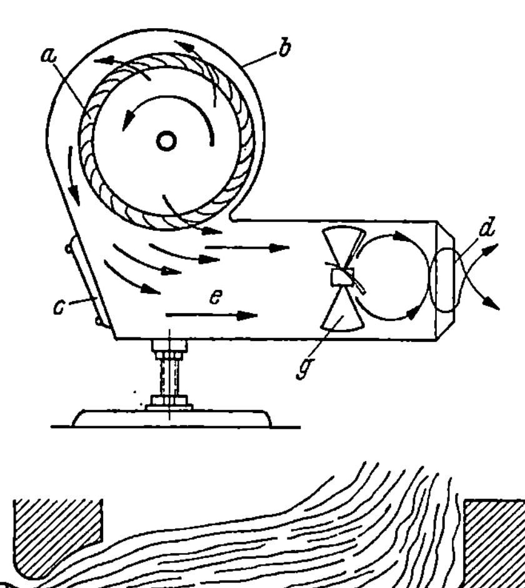

Abb. 16. Prinzip der Luftzuführung
Verbrennungsluftsystem in einem typischen Drucköbrenner

a = Niederdruckgebläse
b = exzentrisch angeordnetes Gehäuse
c = abschraubbare Platte zur Überprüfung der Düsen usw.
d = Verengung am vorderen Ende des Luftrohres zur Erhöhung der Luftgeschwindigkeit
e = Luft- oder Flammenrohr
g = festmontierter Propeller, der die Luft in rotierende Bewegung versetzt

Bei zu stark gedrosselter Leistung wird dieser Druckabfall nicht erreicht. Rußen und schlechte Verbrennung sind die Folge.

Bei so geringen Luftgeschwindigkeiten ist ein Hilfsmittel die Wahl einer Düse, die einen möglichst weiten Zerstäubungskegel erzeugt. Diese Möglichkeit ist ebenfalls begrenzt.

3. Verdampfungsbrenner

Bei Brennern, die in großräumigen Geschränken eingesetzt sind, können durch Einbau eines verstellbaren Luftleitkonusses auch bei niedrigen Luftleistungen etwa gleichbleibende Luftgeschwindigkeiten erhalten werden. Für derartige Einbauten ist in den üblichen Brennergehäusen von vollautomatischen Druckzerstäubern kein Platz vorhanden.

Nach der Beschreibung der Zerstäuberbrenner und der Erläuterung der Gründe für ihre untere Durchsatzbegrenzung erhebt sich die Frage, auf welchem Wege Kessel und Öfen mit Leistungen unter 30 000 kcal/h mit Heizöl befeuert werden können.

Leistungen von 2000—8000 kcal/h werden für Zimmeröfen gefordert. Bis zu 30 000 kcal/h beträgt der Wärmebedarf für Etagenheizungen und Zentralheizungsanlagen, für Einfamilienhäuser bis ca. 800 m³ umbauter Raum.

Das Brennersystem für Leistungen unter 30000 kcal/h ist der Verdampfungsbrenner mit natürlichem Zug und der Verdampfungsbrenner mit Gebläse.

Während 1955 mehr als 40 Fabrikate an Zimmeröfen mit Verdampfungsbrennern auf dem deutschen Markt sind, wurde offensichtlich die große Chance des Verdampfungsbrenners mit Gebläse noch nicht erkannt.

Der Zerstäuberbrenner, der Leistungen unter 3 kg/h verwirklicht, ist kompliziert und kostspielig. Eine solche Anlage wird sich für einen Warmwasserkessel von 20000 kcal/h einschl. eines 1,5-m³-Tanks auf ca. 3500.— bis 4000.— DM stellen. Dieselbe Leistung kann wirtschaftlicher mit einem Verdampfungsbrenner mit Gebläse dargestellt werden, wobei sich die Kosten für Brenner, Installation und 1,5-m³-Tank auf ca. 1200.— DM stellen.

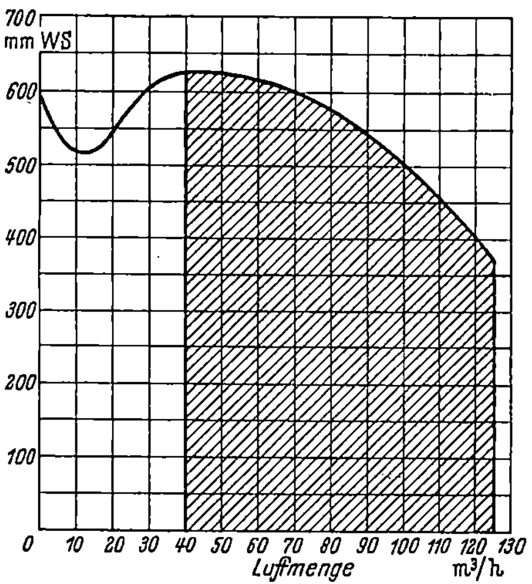

Abb. 17. Charakteristik für das Trommelgebläse eines Ölbrenners

Der Grund für die zögernde Entwicklung dieser Brenner ist in der Tatsache zu sehen, daß Verdampfungsbrenner nur für ein reines Destillat geeignet sind, wie Heizöl EL oder Petroleum. Ersteres ist erst seit Beginn des Jahres 1955 auf dem deutschen Markt zulässig. Petroleum ist im Verbrauch zu teuer.

a) Prinzip des Verdampfungsbrenners

Das Prinzip dieser Brenner ist ein Verdampfen des Öles in einer Schale. Die Schale ist durch Einsatzringe nach oben verengt. Nachdem das Öl in der Schale mittels Hartspiritus oder Paraffindocht gezündet wurde, erwärmen die Flammen die Einsatzringe sowie die Schale. Die Wärmestrahlung und -leitung dieser Blechteile bewirkt die Verdampfung des Öles.

Die Verbrennungsluft strömt durch Öffnungen in der Brennertopfwandung in den Verbrennungsraum und vermischt sich hier mit den Öldämpfen zu einem zündfähigen Gemisch. Die Regulierung der Ofenleistung erfolgt — wie das Zünden — von Hand. Die Öfen haben

zumeist 6 Brennstellungen und werden durch Drosselung des Ölzu-
flusses und Luftschiebers reguliert.

Der komplizierteste Teil ist der Zweikammerschwimmer. Dieses
Schwimmerventil regelt die Ölzufuhr zum Brenner, verhindert ein
Überfließen der Verdampferschale, falls das Feuer aus irgendeinem

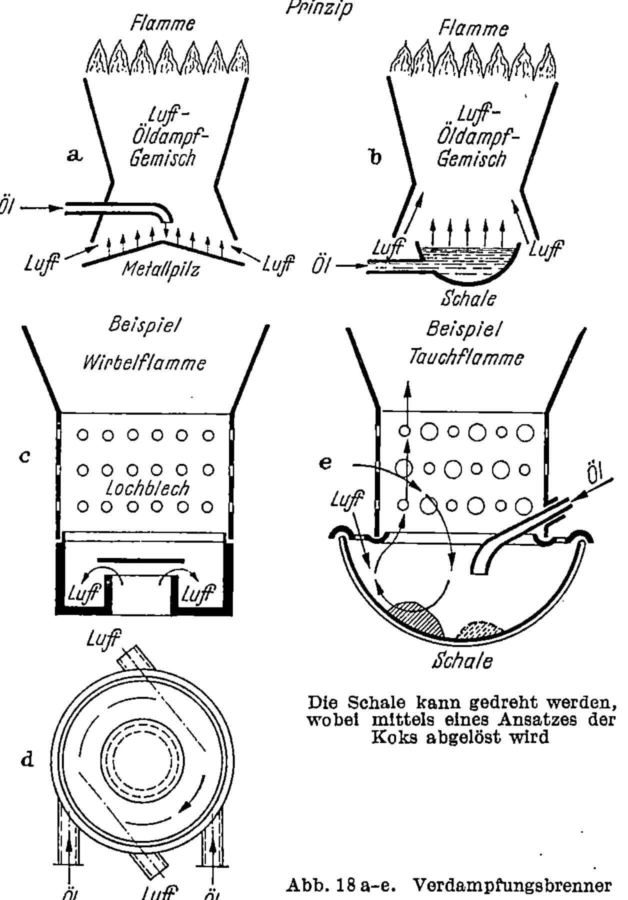

Die Schale kann gedreht werden,
wobei mittels eines Ansatzes der
Koks abgelöst wird

Abb. 18 a–e. Verdampfungsbrenner

Grunde ausgeht, und fängt den Druckunterschied der Ölsäule auf, die
sich mit Verbrauch und Befüllen des Tanks verändert.

In der Abb. 18 sind die beiden Prinzipien Wirbel- und Tauchflamme
dargestellt.

b) Ölsorte für Verdampfungsbrenner

Das Verdampfen des Öles beruht auf dem Aussieden der leicht-
flüssigen Bestandteile im Öl. Die schwerer siedenden Bestandteile

werden thermisch gespalten — gecrackt —. Hierbei ist von Bedeutung, daß die Kohlenwasserstoffe, die einer Crackung ausgesetzt werden, ein so günstiges Wasserstoffverhältnis haben, daß die Spaltprodukte gasförmig auftreten. Ist dies nicht der Fall, so scheidet sich reiner Kohlenstoff als Koks oder Ruß ab. Diese Bedingung an das Öl wird durch die Ermittlung des Verkokungsrückstandes nach CONRADSON getestet. Für Verdampfungsbrenner sollte der CONRADSON-Test nicht höher als 0,02% liegen. In Verdampfungsbrennern scheidet sich in diesem Fall ca. 0,02% des Öldurchsatzes als Koks in der Schale ab.

Ferner soll das Heizöl EL ein straight-run Produkt sein, das also aus der reinen Destillation des Öles beim Toppen anfällt. Thermisch oder katalytisch gecrackte Öle enthalten Kohlenwasserstoffe, die bereits gecrackt wurden und deshalb bei nochmaligem thermischen Aufschluß in der Verdampferschale zu Koks- und Rußbildung neigen.

Schließlich soll der Siedeverlauf des Heizöles EL derart sein, daß es bei den Temperaturen, die im Brennertopf auftreten, restlos vergast. Die maximalen Temperaturen im Topf liegen zwischen 350 und 370 °C. Hat das Heizöl ein Siedeende über — bzw. einen Crackbeginn —

Abb. 18 a. Beispiel eines Zimmerofens mit Verdampfungsbrenner (HAAS u. Sohn)

unter 370 °C, so muß sich zwangsläufig ein bituminöser bzw. Koksrückstand bilden.

Generell erfüllen paraffinische Kohlenwasserstoffe die oben genannten Bedingungen, während Aromaten die Verhältnisse ungünstig beeinflussen. Aromaten sind Ringverbindungen, in denen jedes C-Atom nur ein Wasserstoffatom bindet. Paraffine enthalten je C-Atom 2 Wasserstoffatome innerhalb der Kette. Durchschnittlich enthalten Paraffine 85% C, Aromaten um 90% C. Der Sauerstoffbedarf für die Verbrennung ist gewichtsmäßig das Vierfache bei Kohlenstoff gegenüber Wasserstoff. Es ist also zur Verbrennung von Aromaten mehr Sauerstoff nötig, als für Paraffine. Dies drückt sich in der Praxis durch erhöhten Luftbedarf aus, wobei unterschieden werden muß zwischen Luftmengenvergrößerung und besserem Luftsauerstoff-Aromaten-Kontakt. Aromatenreiche Öle können durch erhöhten Zug und bessere Luft-Ölgas-Durchwirbelung verbrannt werden. Wird also die Verbrennungsluft nicht durch natürlichen Zug sondern durch ein Gebläse dem Öldampf zugemischt, so sind die Anforderungen an die chemische Zusammensetzung des Öles nicht so scharf. Verdampfungsbrenner mit Gebläse sind bedeutend ölqualitätsunempfindlicher als Verdampferbrenner mit natürlichem Zug. Abgesehen davon, daß man in der Praxis selten mit mehr als 1,8 mm Zug rechnen kann, hat die Erhöhung der Verbrennungskinetik zwei nachteilige Folgen:

1. Die Flamme wird zu lang. Sie schlägt in den Schornstein und heizt unwirtschaftlich.

2. Es ist bei Zug über 2 mm WS nicht mehr möglich, den kleinsten Öldurchsatz bei Sparflamme zu erzielen. Würde der Ölzufluß auf den üblichen Mindestdurchfluß gedrosselt, würde sie verlöschen.

Für gebräuchliches Heizöl EL genügt ein Mindestzug von 1—1,5 mm WS (Wassersäule). Stärkerer Zug ist bei durchschnittlichen Schornsteinverhältnissen nicht zu erwarten. Wenn trotzdem das Öl nicht einwandfrei verbrennt — gekennzeichnet durch Rußbildung und mangelnde Ofenleistung — kann nur durch Wahl eines besser geeigneten Öles Abhilfe geschaffen werden.

Abschließend zu den Zugverhältnissen sei darauf hingewiesen, daß sowohl bei Verdampfungsbrennern mit natürlichem Zug wie mit Gebläse ein Zugstabilisator vorzusehen ist. Die äußeren Witterungseinflüsse bewirken dauernde Zugveränderungen. Der Zugregler zwischen Ofen und Schornstein im Abzugrohr fängt die Zugstöße ab. Er sorgt für eine ruhige, gleichmäßige Verbrennung und damit für gute Wirtschaftlichkeit.

c) Kenndaten des Verdampfungsbrenneröles

Welches sind nun die Kenndaten, die aus der Analyse erkennen lassen, ob ein Heizöl für den Verdampfungsbrenner geeignet ist. Das Öl sollte möglichst wenig Aromaten enthalten und kein Crackprodukt sein. Dünnflüssiges Teeröl, das fast ausschließlich aus Aromaten besteht, ist daher ungeeignet. Die Aromaten — d. h. die kohlenstoffreichen Kohlenwasserstoffe — beeinflussen maßgebend das spez. Gewicht des Öles.

Die obere Grenze des spez. Gewichtes für ein Verdampfungsbrenneröl beträgt 0,85 bei 15 °C.

Es sei noch darauf hingewiesen, daß die Zündtemperatur von Aromaten durch den stabileren Aufbau der Ringmoleküle und relativ geringen Gehalt an Wasserstoff um rund 100 °C höher liegt als bei Paraffinen.

Ein reines Paraffinöl wäre nach dem Gesagten das Günstigste. Ein derartiges Öl hätte aber einen Stockpunkt von über 0 °C. Durch Beimischen eines artfremden Produkts — in diesem Fall Aromaten — wird der Stockpunkt auf unter — 20 °C gesenkt. Oft wird dem Flammpunkt eines Öles eine entscheidende Bedeutung für seine Eignung im Verdampfungsbrenner zugesprochen. Das ist unrichtig. Der Flammpunkt kann durch Spuren einer leichten Fraktion beeinflußt werden. Z. B. ein Tropfen Gasöl in einem Muster schweren Heizöls kann bei der Flammpunktbestimmung einen Wert von 50 °C ergeben. Der Flammpunkt ist nur ein Punkt. Wichtiger ist der Siedebereich bzw. der Siedebeginn. Der Siedebeginn kennzeichnet die Anfangstemperaturen des „Auskochens" der leichtesten Bestandteile. Die Fülle leichtsiedender Bestandteile bei niedrigen Temperaturen weist auf den Anteil zündfreudiger Paraffine hin, die sich eben in einem niedrigen spezifischen Gesamtgewicht der Flüssigkeit ausdrücken.

Für die Verbrennungseigenschaften des Öles ist die Viskosität kein Maßstab. Wesentlich ist jedoch, daß sie in möglichst engen Grenzen um 1,5 °Engler bei 20 °C schwankt, da sie den Zufluß des Öles nach der Formel

$$\frac{Q_1}{Q_2} \approx \frac{\mathrm{Visc}_2 \cdot d_2}{\mathrm{Visc}_1 \cdot d_1}$$

beeinflußt.

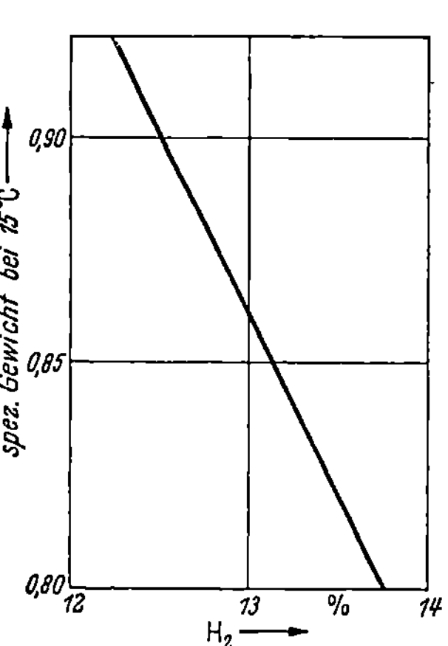

Abb. 19. Abhängigkeit des Wasserstoffgehaltes vom spez. Gewicht bei Heizöl aus Erdöl

Zugverhältnisse. Diese sind weitgehend von der Kaminanlage abhängig. Die beachtenswerten Punkte seien nur erwähnt:

Undichter Anschluß, undichter Kamin, zuviel Feuerstellen am Kamin, schadhafte Reinigungsschieber, Ofenrohr zu weit im Kamin, Schornstein tiefer als Dachfirst, Kamin in kalter Außenwand, Unebenheiten und Ecken im Kamin und nicht zuletzt zu kurzer Schornstein. Allgemein kann gesagt werden: dort wo man keinen Sturzzugofen mehr aufstellen kann, ist auch der Ölofen nicht mehr funktionsfähig.

Vorteile des Zimmer-Ölofens. Bei sorgfältiger Bedienung sind diese Öfen etwa preisgleich im Verbrauch mit festen Brennstoffen. Ihr großer Vorteil liegt in der schnellen Betriebsbereitschaft (insbesondere für Berufstätige) und in der Sauberkeit.

d) Verdampfungsbrenner mit Gebläse

In der folgenden Abbildung sind drei typische Brennerkonstruktionen dieses Typs dargestellt.

Die Hauptteile dieser Brenner sind das Brennergehäuse außerhalb des Ofens, der Gebläsemotor, Gebläserad, Sicherheitsschwimmer und Steuereinrichtung. Durch ein Rohr ist das Gehäuse mit dem Verdampfungsgefäß verbunden. Das Verbindungsrohr dient der Luftzuleitung. In dem Rohr liegt die Ölleitung.

Der Motor hat eine Leistungsaufnahme von ca. 40 Watt bei 220 Volt Wechselstrom und fördert die Luft mit einer Druckhöhe von 8 mm WS.

Im Aufbau unterscheiden sich die Brennertypen durch die verschiedene Konstruktion des Verdampfungstopfes. Bemerkenswert ist der im Bild rechts dargestellte Brenner. Bei diesem wird die Verbrennungsluft nicht von der Seite, sondern von oben durch einen Krümmer dem Öldampf zugeführt. Dieser Krümmer wird von den Flammen umschlagen, wobei die Luft vorgewärmt wird. Diese Anordnung bringt eine Verbesserung in der Verbrennung des Öles.

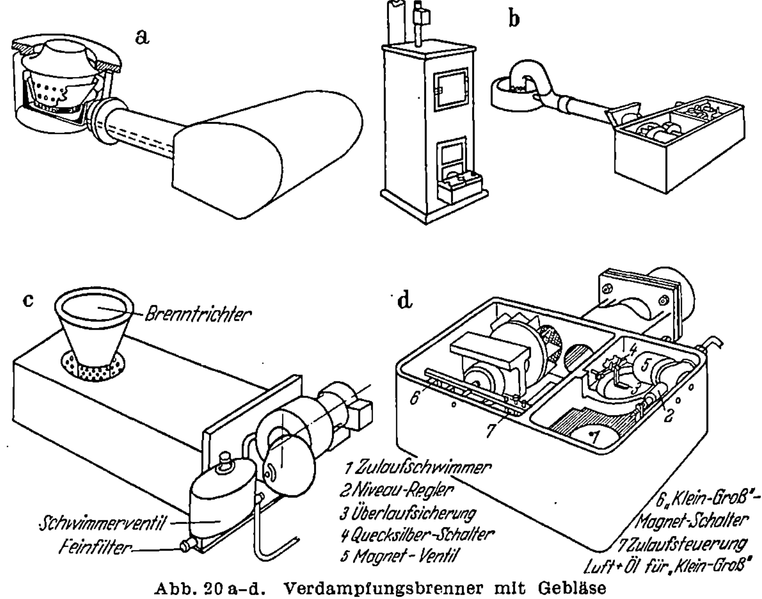

Abb. 20 a–d. Verdampfungsbrenner mit Gebläse

Nicht im Bild dargestellt sind Brenner, die mit horizontaler Flamme arbeiten. Diese Flammenführung bringt Vorteile für die Wärmeausnutzung der Abgase.

Um einen guten Wirkungsgrad zu erzielen, muß der Brenner sorgfältig installiert werden, wobei es hauptsächlich auf eine dichte Durchführung des Brennerrohres ankommt, um Falschluft auszuschließen.

Falschluft bewirkt nicht nur eine Verschlechterung des Kesselwirkungsgrades durch Abkühlen der Flamme und unnötige Erwärmung eines zusätzlichen toten Luftvolumens, sie führt auch zur Rußbildung. Wird der Verdampfungstopf oder die Flamme abgekühlt, so wird der vollkommene Ausbrand der Öldämpfe an dieser Stelle gestört. An der betreffenden Stelle des Verdampfungstopfes setzt Ruß an bzw. der Flammenruß schlägt sich an den Heizflächen nieder.

Der Verdampfungstopf muß unbedingt genau in horizontaler Lage sein. Die Stellung des Topfes muß den Abzugsverhältnisen des Kessels oder Ofens angepaßt werden, derart daß den Abgasen ein möglichst langer Weg in der Brennkammer aufgezwungen wird. Bei Abzug hinten oben vom Kessel, ist der Topf möglichst weit vorn einzubauen und umgekehrt.

Der Verbrennungsraum bedarf bei diesem Brennersystem keiner Ausmauerung. Die Flamme ähnelt in ihrem ruhigen Brand dem Kohlefeuer und ergibt damit auch ohne Einbauten eine gute Ausnutzung der Wärme.

Für den Einbau ist lediglich an der Feuertür ein Loch einzuschneiden, das dem Querschnitt des Verbindungsrohres entspricht.

Der Brenner wird im allgemeinen von Hand mit Lunte oder Paraffindocht gezündet. Ein Berührungsthermostat am Kesselwasservorlauf oder ein Raumthermostat regelt die Brennerleistung in zwei Stufen zwischen großer Flamme und Sparflamme.

Wichtig bei der Regelung ist, daß sowohl Öl wie Luft heruntergeregelt werden, wenn der Thermostat auf Sparflamme schaltet. Die Ölzufuhr wird durch ein Ventil gesteuert, die Luftzufuhr durch Zweistufenschaltung des Motors oder durch Öffnen einer Luftüberschußklappe am Brennergehäuse.

Die Brenner haben einen Regelbereich von $1:15$. Bei Vollast beträgt der CO_2-Gehalt der Abgase bis zu 13%. Eine bemerkenswert gute Leistung, wenn man bedenkt, daß der maximale CO_2-Gehalt bei Heizöl aus Erdöl 15,3% beträgt. Bei Sparflamme beträgt der Öldurchsatz 100—200 g/h. Der CO_2-Gehalt liegt bei 3—5%. In der Praxis wird dieser Brenner zu Beginn der Heizsaison einmal angezündet, um bis zum Ende des Winters durchzulaufen. Lediglich für gelegentliche Kesselprüfung auf Ruß und Reinigung des Verdampfertopfes kann es erforderlich sein, den Brenner kurzfristig abzustellen.

Der Verdampfungsbrenner mit Gebläse überbrückt durch die lebhaftere Verbrennungsdymanik gegenüber den Brennern mit natürlichem Zug einen Teil der Schwierigkeiten, die sich aus dem Aromatengehalt des Heizöles ergeben. Er ist damit nicht ganz so ölempfindlich. Das Heizöl muß aber auf jeden Fall die Sorte EL sein, d. h. ein Destillat, das einen CONRADSON-Test unter 0,02% ausweist.

Die Verluste bei Sparflamme sind trotz des schlechten CO_2-Gehaltes gering, da die Abgastemperatur niedrig ist.

Der Kesselwirkungsgrad ist bei großer Flamme gut, so daß sich für dieses Brennersystem ein guter Durchschnittswirkungsgrad über die Heizperiode ergibt. Hierin ist der Verdampfungsbrenner mit Gebläse dem Verdampfungsbrenner mit natürlichem Zug überlegen, da bei letzterem der Ofenwirkungsgrad bei Teillast bedeutend abfällt. Man sollte deshalb einen Zimmerofen nicht stufenweise fahren, sondern von Vollast zur Sparflamme in Kleinstellung schalten, um bei Bedarf wieder auf Vollast zu gehen.

4. Brennerautomatik

Grundsätzliche Begriffe sind: Handbedienung, halbautomatischer und vollautomatischer Betrieb.

Die Handbedienung. Zimmeröfen müssen von Hand gezündet und eingestellt werden. Sie unterliegen damit den Nachteilen des Kohleofens, d. h. ihre Wirtschaftlichkeit ist weitgehend von der Sorgfalt der Bedienung abhängig.

Halbautomatik. Kesselleistungen von 8000—30000 kcal werden bei Verdampfungsbrennern mit Gebläse wirtschaftlich durch halbautomatischen Betrieb gesteuert. Hierbei erfolgt das Zünden und Abstellen von Hand. Das Kleinstellen auf Sparflamme erfolgt automatisch je nach Wärmebedarf.

Die „Groß"-Stellung des Brenners erfolgt entsprechend der wirtschaftlichsten Höchstleistung des Kessels. Die Sparflamme entspricht dem geringsten Öldurchsatz, um eine stabile Flamme zu erhalten.

Die Betätigung der Automatik kann von einem Berührungsthermostat am Kesselverlauf, von dem vorhandenen Kesselwasserthermostaten mit Kettenzug oder durch einen Zimmerthermostaten erfolgen. Flammenwächter oder Überlaufsicherung schützen von Gefahr, falls die Flamme versehentlich erlischt. Dieses System ist nur geringfügig komplizierter als die Handbedienung. Als Steuerorgane kommen nur zwei Thermostaten bzw. Druckschalter bei Niederdruckkesseln und eine motorisierte Luft- und Öl-Kontrolle hinzu.

Die Halbautomatik hat den Nachteil, einen sehr weiten Regelbereich vom Brenner zu fordern. Ist nämlich die Kleinstleistung des Brenners größer als der minimale Wärmebedarf des Kessels, so steigt die Warmwassertemperatur bzw. der Dampfdruck weiter und der Sicherheitsthermostat schaltet den Brenner ganz ab.

Dieses System ist dann nicht für Anlagen zu empfehlen, wenn der Regelbereich des Brenners nicht der Lastdifferenz zwischen maximaler und minimaler Kesselleistung entspricht.

Verdampfungsbrenner haben einen genügend weiten Regelbereich, um allen Anforderungen zu genügen, nicht aber die üblichen Zerstäubersysteme für Gebäudeheizung, von denen der Druckzerstäuber den breitesten Raum einnimmt.

Für diese Zerstäuber mußte deshalb für vollautomatischen Betrieb die „An-Aus"-Schaltung bzw. „Klein-Groß-Aus"-Schaltung entwickelt werden.

Vollautomatik. Bei der vollautomatischen „An-Aus"-Schaltung wird der Brenner je nach Wärmebedarf mit voller Leistung betrieben oder abgestellt. Dieses Verfahren hat den Vorteil, daß der Brenner immer in der günstigsten Leistungsstufe des Kessels brennt. Der Nachteil liegt in den thermischen Schüssen, die sich bei falscher Installation ungünstig auf den Kessel auswirken können.

Bei der „Groß-Klein-Aus"-Schaltung arbeitet der Brenner automatisch zwischen großer und kleiner Flamme, also bei Druckzerstäubern mit einem Regelbereich von 1:2 zwischen Voll- und Halblast. Wenn die Halblast für den minimalen Kesselbedarf zu groß ist, schaltet der Brenner ab, um bei Bedarf wieder anzulaufen. Das Anlaufen geschieht mit der Halblast bzw. kleinsten Leistung, bis die Abgase den Kessel gut durchwärmt haben. Diese Verzögerung schützt den Kessel vor dem thermischen Schock, der bei der „An-Aus"-Schaltung eintritt und durch entsprechende Einbauten im Kessel abgefangen werden muß.

Die Automatik des Brenners wird bei der Dreistufen-Regelung komplizierter. Um bei Ausfällen die Wartezeit bis zur Reparatur zu überbrücken, sind derartige Anlagen auch von Hand zu bedienen.

Beschreibung der Vollautomatik. Sicherheitsorgane. An Sicherheitsorganen sind Sicherheitsthermostat und Flammenwächter zu nennen. Der Sicherheitsthermostat im Kesselvorlauf hat die Aufgabe, bei Ausfall des Kesselthermostaten ·ein Kochen des Kessels zu verhindern. Erreicht die Wassertemperatur 95 °C, wird die Stromzufuhr zum Brenner unterbrochen.

Der Flammenwächter soll Einspritzen von nicht entzündetem Öl in den Kessel in einer solchen Menge verhindern, daß eine Explosion eintreten kann. Eine Mischung von zerstäubtem Öl und Luft wird bei einer Konzentration von ca. 50 g Öl pro m^3 Luft explosionsfähig, d. h. bei Hinzutreten einer Zündflamme. Diese Konzentration gilt für Heizöl EL und L; für Heizöl M und S liegt sie höher. Aus diesem Grunde muß in der Automatik die Reaktionszeit des Flammenwächters und die zündungslose Einspritzmenge des Öles berücksichtigt werden.

Der Flammenwächter kontrolliert das Vorhandensein der Flamme. Wenn die Zündung beim Anlaufen versagt oder die Flamme erlischt, schaltet er den Brenner ab.

Man wählt für diesen Zweck das photoelektrische oder thermostatische System.

Sogenannte „Rauchgasthermostaten" bestehen aus einer bimetallischen Spirale, die sich bei kalten oder warmen Rauchgasen entgegengesetzt verdreht. Die Drehung löst den gewünschten Kontakt aus.

Um ein möglichst schnelles Ansprechen zu erreichen, ist es wichtig, daß der Rauchgasthermostat an einer Stelle angebracht wird, wo die Temperatur ohne nennenswerte Verzögerung von minimal auf maximal wechselt und umgekehrt. Mit Rücksicht auf den Bimetallfühler darf der Flammenwächter keiner Temperatur über 500 °C ausgesetzt werden. Bei kleineren Kesseln montiert man ihn an der Feuerungsklappe, bei größeren Kesseln im Fuchs, möglichst nahe der Flamme. Der Nachteil dieser Art Flammenwächter ist das träge Reaktionsvermögen; ein Vorteil ist der einfache robuste Aufbau und der geringe Preis gegenüber Photozellen. Photozellen werden entweder in die Vorderwand des Kessels oder in den Gebläsekanal eingebaut, auf jeden Fall derart, daß sie die Flamme „sehen" können. Der Einbau im Gebläsekanal schützt die Röhre vor Überhitzung und Verrußen. Man kann die Lebensdauer der Photozellen erhöhen, wenn man sie drehbar installiert. Durch gelegentliches Verstellen der Röhre liegt das Funktionsfeld der Photozelle nicht immer an derselben Stelle.

Die Photozelle spricht nur auf die Flammenhelligkeit an, nicht auf das Rotglühen des Mauerwerkes. Die Lichteinwirkung wird in der Photozelle in elektrische Impulse umgewandelt, die über einen Verstärker ein Kontaktsystem betätigen. Um einen vollautomatischen Betrieb zu erreichen, kombiniert man die Regel- und Sicherheitsorgane mit einem sogenannten „Kontrollgerät", das unter anderem einen Motorschutz, Zündschutz und Sicherheitsschutz enthält.

Es ist ratsam, bei halb- oder vollautomatischen Anlagen ein Magnetventil in der Ölzulaufleitung vorzusehen. Es schließt bei Stromausfall die Ölleitung ab. Bei größeren Anlagen wird dieses Schnellschlußventil so angeordnet, daß es aus einem anderen Raum als dem Heizungskessel bedienbar ist, um eine Möglichkeit zu schaffen, den Brenner im Notfall unbedingt abstellen zu können. Bei Anlagen, die ohne Zwischenbehälter direkt aus dem Vorratstank saugen und wo der Flüssigkeitsspiegel des Vorratstanks im vollen Zustand auf gleicher Ebene oder tiefer als der Brenner liegt, hat sich folgende Sicherheitseinrichtung bewährt:

Zwischen Tank und Brenner befindet sich in der Saugeleitung ein Standrohr, das im Freien endet und mit einer pergamentartigen Folie verschlossen ist. Sollte es notwendig sein, den Brenner von außerhalb des Heizkessels abzustellen, so drückt man die Membrane ein. Der Brenner saugt jetzt Luft statt Öl aus dem Tank und erlischt.

Nach obiger Erläuterung der Brennersysteme, ihrer Grenzen, Vor- und Nachteile, sowie der Betriebsgrundsätze wird in der folgenden Übersicht das Gesagte in einer Tabellenform wiederholt.

Tabelle 3

Ofenart	Für umbauten Raum m³	kcal/h Ofen- leistung $\eta = 80\%$	Durchsatz kg/h	Steuerung	Ölsorte	Brennersystem
Zimmer- ofen	50— 400	3000—18000	0,15—2	Hand	EL	Verdampfungs- brenner mit natürl. Zug
Etagen- oder Zentral- heizung	100—1000	5000—30000	0,5—3,5	halb- automat.	EL	Verdampfungs- brenner mit Gebläse
Zentral- heizung	ab 400	ab 30000	ab 3	vollauto- mat.	EL u. L	Druckzer- stäuber
Zentral- heizung	ab 1500	ab 80000	ab 8	vollauto- mat.	M, EL, L	Druckzer- stäuber, Emul- sionsbrenner, Druckluft- zerstäuber
Zentral- heizung	—	ab 150000 bis 600000 (gußtechn. Grenze f. Warm- wasser- kessel)	ab 20	vollauto- mat.	M, S	Druckzer- stäuber, Emul- sionsbrenner, Druckluft- zerstäuber

III. Welches Brennerfabrikat ist zu empfehlen

Auf der Brennerbaufirmen-Tagung im Jahre 1952 wurde von der BP Benzin- und Petroleum-Gesellschaft mit beschränkter Haftung angeregt, nach englischem Vorbild eine Vereinigung der Brennerbau- firmen zu gründen mit dem Zweck, durch ein Gütezeichen die brauch- baren Brenner von denen zu unterscheiden, die zwar funktionsmäßig in Ordnung sind, aber entweder in der Ausführung zu wünschen übrig lassen oder zu keiner Wirtschaftlichkeit bei der Verbrennung kommen.

In Nürnberg wurde der Fachverband gegründet, dessen Aufgabe darin gesehen werden muß, jedes Fabrikat, das in den Verband aufge- nommen wird, auf Verarbeitung, Betriebssicherheit und Wirtschaftlich- keit zu untersuchen. Die Mitgliedschaft im Verband bürgt sodann für die Güte des Brenners.

Bisher war es mehr oder weniger dem Zufall überlassen, zu welchem der 220 Fabrikate auf dem Markt man sich entschließt.

Der richtige Weg zur Auswahl des Brenners ist folgender:

Auf Grund der Kesselgröße wird festgestellt, welche Ölsorte gewählt werden muß. Aus der Ölsorte ergibt sich das Brennersystem. Aus der

Zahl der Brenner, die diesem System entsprechen, ist derjenige auszuwählen, der die folgenden drei Bedingungen erfüllt:

a) gute Qualität des Brenners — b) ortsnaher fachmännischer Brenner-Service — c) richtige Installation durch Garantiewerte gewährleistet.

a) Qualität des Brenners

Die Qualität des Brenners sollte durch die Prüfung bzw. Mitgliedschaft im Brennerbaufirmen-Fachverband gewährleistet sein. Die äußeren Kennzeichen für die Güte des Brenners sind:

schwingungsfreier Lauf in einem soliden Gußgehäuse, Verwendung von Teilen namhafter Firmen und eine vollkommene Ausrüstung des Brenners.

Hierzu gehören insbesondere:

Eine automatisch schließende Zuluftklappe, die Kaltluftzutritt bei Brennerstillstand verhindert;

Einbauten am Brennermaul zur Luft-Öl-Vermischung wie Stauscheiben, Shellkopf, Diffusor usw.;

einfacher Aufbau, der gute Zugängigkeit zu allen Anlageteilen gestattet;

Abschwenkbarkeit des Brenners vom Ofen;

einfache Elektroden-Verstellung, Photozellenkontrolle, Entlüftung der Pumpe und Reinigungsmöglichkeit des Verdampfertopfes bei Verdampfer-Brennersystemen;

Schauglas zur Düsen-, Elektroden- und Flammen-Beobachtung.

b) Service

Die Betreuung der Anlage wird „Service" genannt. Die Wartung sollte sich auf Störungsbeseitigung und laufende Überprüfung der Wirtschaftlichkeit erstrecken.

Tritt in der relativ komplizierten Automatik der Brenneranlage eine Störung ein, so muß durch einen ortsnahen Service gewährleistet sein, daß der Schaden auf dem schnellsten Wege behoben wird.

Auch hier bewahrheitet sich, daß Vorbeugen besser ist als Heilen. Laufende Kontrolle der empfindlichen, meistbeanspruchten Teile gehört zu einem guten Service, wie Betriebskontrollen des Kesselzustandes und der Ölbeschaffenheit. Bei jahrelangem Betrieb kann sich z. B. eine Wasser-Schlammemulsion im Vorratstank abgesetzt haben, die beim Leerfahren des Ölbehälters zu Störungen Anlaß gibt. Jährlich sollte der Vorratstank über das Peilrohr mit einer Handpumpe auf Schlamm geprüft werden. Vor jeder Heizperiode muß nicht nur die Brenneranlage generalüberholt werden, auch der Kessel selbst, Züge, Rauchabzug und Schornstein müssen gründlich gesäubert und Falschluftlekagen mit Eisenkitt abgedichtet werden.

Die Wirtschaftlichkeitskontrollen der Brenneranlage betreffen die Güte der Verbrennung und die Ausnutzung der Brennstoffenergie.

Bei Einbau des Brenners wird die Anlage hinsichtlich dieser beiden Punkte — CO_2-Gehalt der Abgase und Abgastemperatur — eingetrimmt. Durch Schwankungen in den Öllieferpartien, Veränderung des

Kesselzustandes und starke bleibende Witterungsveränderungen (Herbst—Winter—Frühjahr) können sich die Verbrennungsverhältnisse verschieben. Jeder Kessel sollte im Abzug einen Schraubverschluß haben, durch die der „Service-Mann" CO_2-Gehalt und Abgastemperatur kontrolliert, um den Brenner eventuell nachzustellen in seinem Öldurchsatz, Luft—Öl-Verhältnis oder Einstellung der Einbauten am Brennermaul bzw. Wahl des Zerstäubungskegels.

Durch die „An-Aus"-Schaltung einer vollautomatischen Anlage wird man den Brenner in seinem Öldurchsatz so einstellen, daß die Ölmenge der Nennleistung des Kessels entspricht bei Vollast. In den Übergangsjahreszeiten hat diese Einstellung zur Folge, daß der Brenner in sehr kurzen Intervallen brennt. Diese „Feuerstöße" können vermieden werden, wenn man im Herbst und Frühjahr nur mit Teillast fährt. Diese Verstellung ist auf einfachem Wege durch Auswechseln der Düse und Abstimmung der Luft zu erreichen. Der Kessel wird durch diese Umstellung nicht nur geschont, es wird auch an Brennstoff gespart, durch den sich der Service bezahlt macht.

Im allgemeinen unterliegt dieser Service ein Jahr lang der Brennergarantie; später wird der Service im Abonnement verpflichtet.

Aus Vorstehendem dürfte klar sein, daß der Service ortsnah sein muß, und daß nur geschulte Kräfte ihn versehen können.

c) Richtige Installation

Aus Abb. 21 gehen die Abgasverluste hervor, die sich aus einem zu niedrigen CO_2-Gehalt und einer zu hohen Abgastemperatur ergeben. Eine gute Wirtschaftlichkeit wird erreicht durch richtige Brennereinstellung und Installation des Brenners am Kessel. Letztere ist für die Wirtschaftlichkeit, Sicherheit und Lebensdauer des Kessels von ausschlaggebender Bedeutung. Ein Großteil der Brennerbaufirmen gibt zwar detaillierte Anweisungen mit für den Einbau, aber bei den vielen — teils rivalisierenden — Momenten jedes einzelnen Kessels läßt sich nicht alles mit Tabelle und Zollstock erfassen; es gehört das „know-how" dazu, das die gute Brenner- bzw. Installationsfirma von der mäßigen unterscheidet.

Da man diese Kenntnis des Brennerlieferanten nicht vorher beurteilen kann, wird dem Brennerkäufer empfohlen, sich durch Garantieforderungen, die die Wirtschaftlichkeit der Anlage bestimmen, zu sichern.

Es ist zu fordern:

a) Abgastemperatur nicht über 250 °C;
b) CO_2-Gehalt der Abgase nicht unter 11% bei Vollast.

Diese Werte können nur erreicht werden, wenn der Brenner richtig eingestellt und installiert wurde. Laut Abb. 21 entsprechen sie einem

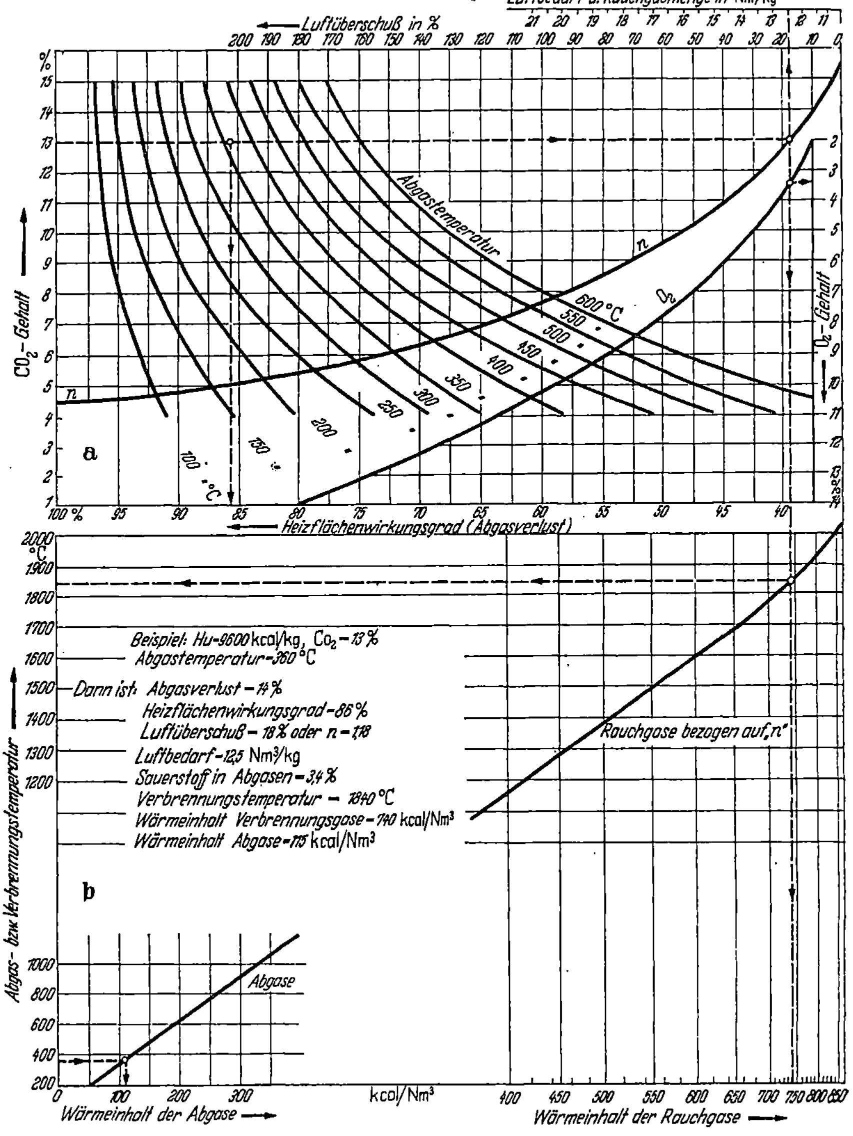

Abb. 21 a. u. b. Heizflächenwirkungsgrad (Abgasverlust) und Rauchgasmenge für Heizöl

Abgasverlust von 12% bzw. einem Heizflächenwirkungsgrad von 88%. An weiteren Verlusten sind ca. 5% Abstrahlungsverluste des Kessels unvermeidbar, so daß sich ein Kesselwirkungsgrad ergibt von

$$88\% - 5\% = 83\%,$$

der gut erreichbar ist und ein befriedigendes Ergebnis hinsichtlich der
Ausnutzung der Brennstoffenergie darstellt. Die namhaften Ölgesell-
schaften haben seit Jahren einen technischen Dienst eingerichtet, der
planmäßig die Brennerfabrikate hinsichtlich dieser drei Forderungen
untersucht. Im Gegensatz zu den Verhältnissen in den Vereinigten
Staaten, wo Brenner- und Öllieferant eine Einheit sind, ist in Deutschland der Ölproduzent nur Lieferant und für die Ölqualität verantwortlich. Erfahrungsgemäß ergeben sich immer wieder Fälle, wo eine Bean-
standung zunächst nicht klar ersichtlich beim Brenner oder Öllieferanten
liegt. Aus diesem Grunde haben die Ölfirmen einen technischen Dienst
entwickelt, der alle Brennerfabrikate prüft und besonders geeignete
empfiehlt. So wird geraten, bei der Brennerauswahl den Öllieferanten
hinzuzuziehen.

Bezüglich der teils sehr unterschiedlichen Preise für Ölbrenner ist
festzustellen, daß aus obigem klar wird, welche Organisation an Ersatz-
teilen, Fahrzeugen und nicht zuletzt an Fachpersonal erforderlich ist,
um den berechtigten Ansprüchen des Kunden zu genügen. Es wird
deshalb angeraten, sehr genau abzuwägen, ob man beim Erwerb eines
Brenners wesentlich vom Preis ausgehen soll. Der teuerste Brenner
kann in mancherlei Hinsicht im Dauerbetrieb der billigste sein. Bei
der scharfen Konkurrenz auf dem Brennermarkt wird ein scheinbar
überhöhter Preis bei genauer Prüfung erweisen, daß die Mehrkosten
wohl begründet sind.

Wenn möglich, sollte ein Festangebot für die Gesamtanlage ein-
geholt werden. Oft unterscheiden sich Angebote im Preis nur durch
Fehlen von Anlageteilen, die als Nachberechnung auftreten.

Für den Einbau des Brenners wie für die laufende Überwachung
der Wirtschaftlichkeit im Rahmen des Brennerservice ist es unerläß-
lich, daß der Installateur mit Meßinstrumenten ausgerüstet ist.

Eine schöne weiße Flamme ohne Koks- und Rußbildung ist kein
Maßstab für eine wirtschaftliche Verbrennung.

Als minimale Ausrüstung muß angesehen werden:

1. Zugmesser — 2. CO_2-Meßgerät — 3. Rauchmesser — 4. Thermometer
für die Abgastemperatur bis 500 °C.

Es gibt nasse Zugmesser, die in einem U-Rohr den Zug durch die
Differenz der Flüssigkeitssäulen anzeigen, die sich in den beiden Schen-
keln des Rohres ergibt. Aus Transportgründen sind Trockenzugmesser
vorzuziehen, die auf einer Skala den Zug anzeigen.

Der Anschluß des Zugmessers sollte durch eine Bohrung in der
Kesseltür erfolgen.

Der Zugmesser läßt den Schluß zu, ob eine Kesselanlage mit ihren
Zugverhältnissen bei festen Brennstoffen für eine Umstellung auf
Heizöl geeignet ist. Der Zug läßt keine Schlüsse zu über die Eignung

4*

der Abgasführung vom Kessel zum Schornstein, ob z. B. Knicke, Verengungen oder Gefälle im Fuchs vorhanden sind, die bei vollautomatischer „An-Aus"-Schaltung stören können. Verdampfungsbrenner mit und ohne Gebläse werden von Hand oder halbautomatisch zwischen großer und kleiner Flamme geregelt. Sie brennen ohne Unterbrechung. Der Schornstein ist auch bei kleiner Flamme warm. Für diese Brennersysteme gibt der Zugmesser die Eignung für die Umstellung an.

Nach der Umstellung auf Heizöl zeigt der Zugmesser an, ob der Zug gleichmäßig ist und ob der Einbau eines Zugreglers ratsam erscheint. Stabiler Zug ist von größter Wichtigkeit für Zimmeröfen mit Verdampfungsbrennern. Nicht ganz so kritisch sind die Zugverhältnisse für Brennersysteme mit Gebläse. Es ist zu beachten, daß sich der Druck, der die Verbrennungsluft in die Brennkammer treibt, aus zwei Wirkungen zusammensetzt: dem Gebläsedruck des Brenners *und* dem Zug des Schornsteins. Wenn sich die Summe von Druck und Zug um 10% vergrößert, so vermehrt sich das eingebrachte Luftvolumen in dem Kessel um rund 5%, was Temperaturverlust und niedrigen CO_2-Gehalt in den Abgasen zur Folge hat.

Als CO_2-Meßgerät empfehlen sich die handgerechten Konstruktionen, die aus einer Kippflasche bestehen, die teilweise mit dem chemischen Reaktionsmittel gefüllt ist. Unmittelbar hinter dem Kessel wird mit einer Balgpumpe Abgas entnommen und in die Kippflasche gedrückt. Die Flüssigkeit absorbiert CO_2 aus dem Abgas. Die damit verminderte Gasmenge saugt die Flüssigkeit hoch. An einer Skala wird der CO_2-Gehalt abgelesen.

Der Rauchmesser besteht aus einer Pumpe, die Abgas hinter dem Kessel ansaugt und durch eine Filterscheibe drückt. Es wird eine bestimmte Anzahl Pumpenhübe vorgenommen. Die Verfärbung des Filterpapiers wird mit einer Skala verglichen und läßt Schlüsse zu über die Vollkommenheit der Verbrennung.

Der ermittelte CO_2-Gehalt und die Abgastemperatur bestimmen den Abgasverlust des Kessels, d. h. die Summe der verlorenen fühlbaren Wärme und der Anteil an nicht bzw. unvollkommen verbranntem Heizöl in den Abgasen.

IV. Welche Bedingungen sind beim Einbau zu beachten?

Die Beantwortung dieser Frage soll in vier Abschnitten vorgenommen werden:

a) Brennstoffbevorratung, Tankgröße und Einbau;
b) Rohrleitungsverlegung;
c) Brennereinbau;
d) Anlageteile zur Erhöhung der Wirtschaftlichkeit und Betriebssicherheit.

a) Brennstoffbevorratung, Tankgröße und Einbau

Der Brennstoffbedarf eines Kessels von 10 000—60 000 kcal/h beträgt in der Heizsaison rund gerechnet doppelt soviel Tonnen wie der Ofen Quadratmeter Heizfläche hat. Bei über 60 000 kcal/h kann man mit rund 1 t Ölverbrauch pro m^2 Heizfläche rechnen.

Tanks bei Zimmeröfen. Bei Zimmeröfen, die vornehmlich für Verbraucher mit Zeitheizung in Frage kommen (für Berufstätige, die nur morgens und abends heizen), trifft diese Faustregel nicht zu. Für solche Öfen kann mit einem Verbrauch von 400—1000 Liter pro Heizsaison gerechnet werden.

Die Versorgung dieser Abnehmer erfolgt mittels Heizölkanistern von je 10 Liter Inhalt, von denen etwa 4—6 Stück beim Verbraucher gelagert sind. In gewissen Zeitabständen werden diese Kanister gegen volle ausgetauscht. Wichtig ist, daß die Kanister mit einer aufschraubbaren Gießtülle versehen werden können, durch die ein einwandfreies Gießen gewährleistet wird. Dazu muß die Tülle einen geschwungenen Hals haben und am Ende schräg abgeschnitten sein. Die Belüftung des Kanisters beim Gießen erfolgt durch einen verschließbaren Luftzutritt oder durch Wahl eines großdimensionierten Durchlaufquerschnittes der Tülle. Es ist beim Gießen zu beachten, daß kein Tropfen Heizöl EL vorbeiläuft, um Geruchsbelästigungen zu vermeiden.

Aus Preisgründen ist es u. U. günstiger, das Heizöl im 200-Liter-Faß zu beziehen und an Ort und Stelle in handliche Kanister umzufüllen. Es erscheint jedoch ratsamer, den Aufpreis zu tragen, um die recht schwierige Umfüllung zu sparen.

Tanks bei Kesseln mit Gebläseverdampfungsbrennern. Bei größeren Öfen und Kesseln von 5000—30 000 kcal/h sollte Lagermöglichkeit für ca. 1,5 m^3 geschaffen werden. Derartige Mengen dürfen im Keller lagern; im Heizungskeller allerdings nur ein Tagesverbrauch, also max. ca. 50 Liter. Ein 1,5-m^3-Behälter wird vorgeschlagen, um in den Genuß des Kubikmeter-Preises zu kommen. Bei Bezug in Fässern, die als Stückgut frachttariflich behandelt werden müssen, ist der Preis pro m^3 rund DM 25,— höher. Die Idealanlage für derartige Verbraucher ist ein 2 m^3 Behälter im Keller. Von diesem Vorratstank wird mittels Handpumpe ein 50-Liter-Behälter im Heizraum nach Bedarf aufgefüllt Beide Behälter haben einen Glasrohr-Ölstandsanzeiger, der 2-m^3-Tank für eventuelle Zollkontrollen, der 50-Liter-Tank zur genauen Kontrolle des Eigenverbrauches. Vom Tagesbehälter läuft das Öl mit natürlichem Gefälle dem Brenner zu. Bei Anlagen mit Leistungen über 30 000 kcal/h — also Kessel über 3 m^2 Heizfläche — beträgt der Saisonbedarf von 6 t an aufwärts.

Tanks für Kesselleistungen über 30 000 kcal/h. Die Größe des Vorratstanks sollte dem Jahresbedarf angepaßt werden. Bei Bedarfsmengen über 15 m³ pro Jahr ist zu beachten, daß bei Bezug von 15-t-Partien der Frachtsatz wesentlich günstiger ist als für 5-t- oder 10-t-Partien. Für diesen Fall macht sich ein 20-m³-Tank gegenüber einem kleineren in wenigen Heizperioden durch die Frachteinsparung bezahlt.

Tankeinbau. Bei dem Tankeinbau — insbesondere, wenn dieser im Freien gelagert oder eingegraben wird — ist von ausschlaggebender Bedeutung die frostfreie Verlegung des Tanks wie der Rohrleitungen. Grund für diese Forderung ist der Beginn paraffinischer Ausscheidungen (BPA) im Öl, der — je nach dem Charakter des Öles — wesentlich früher einsetzen kann als der Stockpunkt. Überflurtanks sind auf Beton- oder gemauerte Sockel zu lagern. Zweckmäßig wird deren Anordnung so gewählt, daß sie unter den inneren Versteifungsringen stehen. Wichtig ist die gute Isolation des Tanks an den Auflageflächen gegen Feuchtigkeit. Das einfachste Mittel ist ein ca. 2 cm dicker Bitumenaufstrich auf den Sockel-Sätteln, der sich beim Auflegen des Tanks teilweise wegdrückt.

Jeder Tank bedarf eines — wenn auch bescheidenen — Unterhaltes und einer gewissen Wartung.

Periodische Reinigungen mit Untersuchung des Tanks werden empfohlen:

Für Heizöl EL und L   alle 5 Jahre
für Heizöl M und S   alle 3 Jahre.

Bei Heizöl EL bietet die Reinigung keinerlei Schwierigkeiten, es handelt sich im allgemeinen nur um das Entfernen einer Schwitzwasser-Öl-Emulsion vom Boden des Tanks.

Bei Teerölen, Heizöl M und S bildet sich auf dem Boden im Laufe der Zeit eine salbenartige Abscheidung, die ausgegraben werden muß. Es ist auf jeden Fall zu empfehlen, diese Reinigungen Spezialfirmen anzuvertrauen, die mit den notwendigen Geräten ausgerüstet sind und über die Erfahrung verfügen, wie derartige Arbeiten durchgeführt werden müssen.

Bei der Beschaffung des Tanks ist auf normgerechte Wandstärken zu achten, die nicht nur aus der Druckbeanspruchung ermittelt werden müssen, sondern darüber hinaus einen Zuschlag für Korrosion enthalten. Bei eingegrabenen Behältern wird eine fünffache Isolation empfohlen aus Jute und Bitumen. Ein bloßer Bitumenanstrich oder eine Heiß-teerung genügt nicht.

Frost und Grundwasser. Isolieren des Tanks bzw. Eingraben mit einer 70-cm-Bodenschicht über dem Tank genügen, um den BPA zu überwinden. Beim Eingraben ist allerdings der Grundwasserspiegel zu beachten. Bei hohem Grundwasser kann es vorkommen, daß der leere Tank durch die Auftriebskraft aus dem Erdreich gehoben wird.

Eine entsprechende Betondecke auf dem Tank oder ein Betonsockel mit Haltebändern müssen zum Ausgleich des Auftriebes vorgesehen werden.

Vorwärmung. Heizöl M ist bis 0 °C pumpfähig. Es ist eine Gewissensfrage, ob man Heizschlangen im Tank vorsehen sollte; der Vorsichtige wird sie einbauen. Wenn auch nicht zu befürchten steht, daß die Flüssigkeit im isolierten Tank unter 0 °C abgekühlt wird, so kann bei der Belieferung im nicht isolierten Straßentankwagen oder Kesselwagen eine Unterkühlung unter 0 °C eintreten. Wenn das kalte Öl in den Tank gepumpt wird, kann es eintreten, daß die Pumpe zur Brennstelle nicht saugt.

Die Heizschlange sollte so bemessen werden, daß der gesamte Tankinhalt mit dem vorhandenen Heizmedium auf 20 °C erwärmt werden kann. Zweckmäßig zweigt man hierzu einen Parallelstrang vom Kesselvorlauf ab. Bei Heizungsanlagen mit Umlaufpumpe ist dies kein Problem, wohl aber bei Tanks, die tiefer als der Kessel liegen und wo keine Umlaufpumpe vorhanden ist. In diesem Fall kommt das Warmwasser oder das Kondensat des Niederdruckdampfes nicht zum Kessel zurück, und es muß eine Umwälz- oder Kondensatpumpe vorgesehen werden.

Bei der Berechnung von Vorwärmern ist mit einer spezifischen Wärme des Heizöles von 0,5 kcal/kg °C zu rechnen. Wesentlich ist die Heizflächenbelastung, die die angeführten Werte nicht überschreiten soll, um Cracken und Koksansatz auf den Heizflächen zu verhindern:

Mittelschweres Heizöl	2,5 kW/cm²	2,2 kcal/cm²
schweres Heizöl	2 „	1,7 „
mittelschweres Teeröl	1,5 „	1,3 „
schweres Teeröl	1 „	0,8 „

Wasser im Öl. Im Heizöl — gleich welcher Sorte — sind rund 0,1% Wasser enthalten, das sind pro t Öl 1 kg Wasser. Durch Leeren und Füllen des Tanks wird Luft angesaugt und ausgepumpt, deren Feuchtigkeitsgehalt an den kalten Tankwandungen kondensiert.

Mineralische Heizöle sind leichter als Wasser. Das Wasser, das aus vorerwähnten Quellen anfällt, sammelt sich am Boden des Tanks. Es bildet hier keine klar abgeschiedene Schicht, sondern zumeist eine dickflüssige Emulsion, die bei Eintritt in den Brenner zu Schwierigkeiten führen kann.

Aus diesem Grunde ist es erforderlich, daß die Ölabsaugeleitung zum Brenner nicht von der tiefsten Stelle des Tanks abgeht, sondern derart, daß ca. 3% des Inhaltes nicht erfaßt werden.

Um den Wassergehalt von Zeit zu Zeit zu prüfen und eventuell zu entfernen, sieht man zweckmäßig einen Schlammablaßhahn an der tiefsten Stelle vor bzw. man führt das Peilrohr bis auf den Boden.

Oben wird das Peilrohr mit einem Schraubverschluß versehen, der es gleichzeitig ermöglicht, eine Handpumpe anzusetzen, mit der man den Tankschlamm auspumpt. Dieselbe Anordnung gilt für Zwischenbehälter für Heizöl M und S im Heizraum, in denen der Wassergehalt des Öles durch Erwärmen auf 60—80 °C abgeschieden wird. Wie ausgeführt wurde, ist Heizöl M bis 0 °C pumpfähig, es muß jedoch für die erforderliche Zerstäubungsviskosität von 2 °E auf 60—80 °C unmittelbar am Brenner erwärmt werden. In den meisten Anlagen geschieht dies mit elektrischen Durchflußvorwärmern am Brenner; teilweise wird die Vorwärmung im geschlossenen Tagesbehälter im Heizkeller mittels Niederdruckdampf oder Warmwasser durchgeführt. In diesem Fall wird aus dem relativ großen Volumen der Wassergehalt abgeschieden. Der Tagestank soll deshalb ebenfalls nicht von der tiefsten Stelle zum Brenner hin angeschlossen werden, sondern etwas über dem Boden, so daß ein toter Raum von ca. 3% entsteht. Ein Schlammablaßhahn am Boden des Behälters ist vorzusehen. Täglich einmal sollte der Inhalt des Tagestanks auf Wasser geprüft werden durch kurzes Öffnen des Hahnes.

Die Beheizung von Heizöl EL ist unnötig und kann zu Störungen führen. Wird z. B. der Tankinhalt bei Heizöl EL ständig auf einer Temperatur von über 30 °C gehalten, so beginnt das Öl zu polymerisieren, d. h. ungesättigte aktive Kohlenwasserstoffe beginnen in der thermisch bewegten Flüssigkeit Kontakt miteinander aufzunehmen. Es bilden sich großmolekulare Kohlenwasserstoffe, die sich am Tankboden als Schlamm absetzen. Beim Leerfahren des Tanks kann dieser Schlamm durch seine höhere Viskosität die Anlage stillsetzen.

Heizöl M ist nicht so empfindlich. Aus wirtschaftlichen Gründen sollte es nur auf einer max. Temperatur von 20 °C gehalten werden. Die elektrische Endvorwärmung auf 60—80 °C, entsprechend der notwendigen Zerstäubungs-Viskosität von 2 °E, soll im Durchflußvorwärmer am Brenner durchgeführt werden. Der elektrische Vorwärmer ist thermostatisch gesteuert. Die richtige Vorwärmtemperatur wird durch die Flammenbeobachtung ermittelt. Es kann erforderlich sein, bei jeder Heizölpartie die Vorwärmtemperatur in dem vorgenannten Temperaturintervall zu verstellen, da es dem Produzenten nicht möglich ist, das Öl ganz gleichbleibend zu mischen.

Lagerbeständigkeit. Die Lagerbeständigkeit von Heizöl M ist nicht so günstig wie bei Heizöl EL; sie ist von dem Verfahren abhängig, das zur Mischung angewandt wurde. Bei ungenügender Durchmischung der Grundprodukte — 40% EL und 60% S zu M kann nach etwa einem halben Jahr eine Entmischung eintreten. Es scheidet sich im Tank unten eine Art S und oben L ab. Um das Öl wieder zu homogenisieren, ist es erforderlich, den ganzen Tankinhalt auf ca. 50 °C zu erwärmen und mechanisch zu bewegen, wobei Durchblasen mit Preßluft der einfachste Weg sein dürfte.

Teeröle neigen von Natur zu Bodensatz durch den 0,5—50proz. Anteil an Pech (freiem Kohlenstoff) in der Flüssigkeit, wie durch Ausscheiden von Naphthalinkristallen. Die Kristalle können durch Wärme gelöst werden, nicht aber das Pech. Hier hilft nur gelegentliches Leerfahren und Reinigen des Tanks.

Mischbarkeit von Ölen. In diesem Zusammenhang soll auf die Mischbarkeit von Ölen hingewiesen werden.

Alle mineralischen Heizöle sind untereinander mischbar, ohne daß Ausfällungen eintreten. Thermisch gecrackte Öle der Qualität EL sind nicht so stabil wie straight-run-Produkte (Topdestillate), d. h., daß erstere eher zur Polymerisation neigen und damit zur Schlammbildung. Es wäre zuviel verlangt, würde man von den Ölproduzenten ein Topdestillat fordern, zumal die Ausscheidungen derart minimal sind, daß meßbare Schlammbildung erst nach zwei Jahren festzustellen ist. In fünfjährigen Intervallen empfiehlt es sich aber, auch hier den Tankboden über Peilrohr abzupumpen. Ist die Anlage in ständigem Betrieb, d. h. ununterbrochen im Pumpkreislauf, so ist nicht mit Ablagerungen zu rechnen, wohl aber bei Anlagen, die nur während der Heizsaison in Betrieb sind, um dann ein halbes Jahr stillzuliegen. Es ist ratsam, die Befüllung so vorzunehmen, daß der Tank während der Sommermonate möglichst leer ist. Bei Ölübernahme sollte der Brenner abgestellt werden. Eine Stunde Ruhe nach der Befüllung genügt, um eventuell aufgewallten Schlamm und Wasseremulsionen absetzen zu lassen.

Teeröl und mineralisches Heizöl vertragen keine Mischung untereinander. Teeröl ist sauer, mineralisches Heizöl chemisch neutral. Bei Mischung der beiden treten Ausscheidungen ein, die darauf zurückzuführen sind, daß die paraffinischen Bestandteile der mineralischen Heizöle die hochmolekularen aromatischen Inhaltstoffe des Teeröles ausfällen. Filter, Düsen und Leitungen werden von einer festen Masse zugesetzt.

Umstellung von Ölsorte zu Ölsorte. Wird eine Anlage von mineralischem Heizöl auf Teeröl oder umgekehrt umgestellt, so müssen vor Befüllung Tank, Leitungen und Anlageteile ganz geleert werden. Teerölreste sind mit P 3 auszuwaschen; Teerölbodensatz ist auszukratzen.

Teeröle sind im spezifischen Gewicht schwerer als Wasser. Ihr Heizwert liegt im Vergleich zu den entsprechenden Sorten mineralischen Heizöles rund 10% niedriger.

Teeröle unterscheiden sich untereinander in dem verschieden hohen Beimischungsgrad von Pech zu dem Öl, das in seiner Zusammensetzung mit Heizöl EL vergleichbar ist. Der Pechgehalt zwischen 0,5 und 50% hat Schwierigkeiten durch Absetzungen bei der Lagerung zur Folge. Hinsichtlich der Zündfähigkeit ist das Teeröl jedoch dem mineralischen Heizöl M und S überlegen durch das Vorhandensein eines Großteils leichtsiedender — DK-ähnlicher — Fraktionen. Wird eine Anlage von Teeröl auf mineralisches Heizöl oder umgekehrt umgestellt, so ist eine Neueinstellung des Brenners durch den Brennerlieferanten erforderlich. Wird von Teeröl z. B. auf Heizöl M oder S umgestellt, so erreicht man oftmals — je nach Brennertype — nur befriedigende Verbrennungs- ergebnisse, wenn man einen Teil der Verbrennungsluft vorwärmt.

Schwankungen im spezifischen Gewicht bei verschiedenen Liefe- rungen ein und derselben Ölsorte können bei starken Unterschieden eine Düsenveränderung notwendig machen. Wird beispielsweise das Öl leichter (0,84 statt 0,87), so muß, da der Heizwert auf Gewicht bezogen ist, die Düse vergrößert werden, da jetzt ein Liter Öl nur 840 g wiegt, gegenüber 870 g vorher. Es fehlen also 30 g, die sich als Minder- wärmeleistung im Kessel bemerkbar machen.

Ändert sich die Viskosität — wird sie z. B. höher (1,6 °E statt vorher 1,3 °E bei 20 °C) —, so steigt der Öldurchsatz gemäß Abb. 11. Eine Viskositätsveränderung nach oben kann aber auch durch Abkühlung des Öles eintreten. Eine thermostatisch gesteuerte Heizpatrone vor dem Brenner, die das Öl konstant auf z. B. 15 °C hält, schützt vor Leistungsschwankungen.

Mengenmessung. Für die Mengenmessung im Vorratstank ist der Peilstab das einfachste und sicherste. Bei der Mengenbestimmung auf diesem Wege ist für Heizöl S zu beachten, daß das Volumen durch die Temperatur beeinflußt wird. Die Beziehung zwischen Wichte des Öles und Raumtemperatur ist mit folgenden Werten zu berücksichtigen:

Wichte t/m^3	Wärmeausdehnungskoeffizient t/m^3 °C
0,92—0,96	0,00064
0,96—0,99	0,00063
0,99—0,101	0,00062
1,01 und schwerer	0,00061

Zur Bestandsmessung im Vorratstank bzw. Tagestank empfiehlt sich für Heizöl EL, L und M der Glasstandanzeiger, falls der zu messende Tank zugängig ist. Bewährt haben sich hydrostatische Meßgeräte, die die Druckhöhe des Öles im Tank anzeigen.

In den USA wird der Ölbestand des Verbrauchers durch den Öl- lieferanten ermittelt. Durch Bestimmung der Gradtagzahl des Ortes wird zentral für jeden Kunden der Verbrauch kalkuliert, unter Berück- sichtigung eines Sicherheitsfaktors wird die Befüllung vorgenommen über eine Uhr am Tankwagen mit Lochkartenanzeiger in dreifacher

Ausfertigung. Eine Lieferkarte wird dem Kunden gegeben, die andere Karte wird zur Fakturierung an die Buchhaltung geleitet. Die dritte Karte dient als Unterlage für die Bedarfskalkulation.

Zur Messung des Ölverbrauches wendet man zwei Verfahren an:

a) die volumetrische Messung (Ovalradzähler, Ringkolbenzähler);

b) die unmittelbare Mengenstrommessung (Meßblende).

Bei der volumetrischen Messung werden Meßkammern bestimmter Größe jeweils gefüllt und entleert.

Vorteil: Unabhängigkeit der Messung von Viskositäts- und damit von Temperaturschwankungen des Meßmediums, geringe Fehlertoleranzen und direkte Ermittlung der Durchflußmenge mit Zählwerken ohne besondere Richtung.

Nachteile: Durch Bauaufwand begrenzte Durchflußmengen, Verschleiß bewegter Teile und damit wachsende Ungenauigkeit insbesondere bei Steinkohlenteerölen, Notwendigkeit eines besonderen Meßwerkes zur Anzeige der Augenblickswerte.

Bei der Mengenstrommessung wird der Differenzdruck an einem Staugerät oder das Anheben eines Schwimmers im Ölstrom als Mengenmaß verwendet.

Vorteile: Meßbarkeit großer Mengen bei geringem Aufwand, Möglichkeit der unmittelbaren Anzeige von Augenblickswerten.

Nachteile: Notwendigkeit einer Eichung oder Kenntnis der einzelnen Einflußgrößen des Meßvorganges zur Berechnung der Staugeräte. Verschleiß scharfkantiger Normblenden bei Steinkohlenteeröl.

b) Rohrleitungen

Die Bemessung von Rohrleitungen für Heizöl EL, L oder dünnflüssiges Teeröl erfolgt nach den Grundlagen für Wasserleitungen. Bei Teerölen sind Buntmetalle zu vermeiden. Für Heizöle aus Erdöl verlege man am besten in $^{10}/_{12}$ Kupferrohr.

Man wählt für Leitungen bis 10 m Länge $^{3}/_{8}''$ Gasrohr, über 10 m Länge $^{1}/_{2}''$ Gasrohr. Die Rohrstücke sollten geschweißt verbunden werden. Verschraubungen sind nicht mit Hanf und Mennige, sondern mit Terosen, Kuril oder Permatex abzudichten.

In der Rohrleitungsführung sind Bögen zu vermeiden, in denen sich Wasser oder Schmutz ansammeln kann. Die Rohrleitungen sind auf keinen Fall bei Zerstäuberbrennern starr an diesen anzuschrauben. Man nehme als Verbindung stets ölfeste Schläuche.

Die Rohrleitung vom Tank zum Brenner kann auf zweierlei Art ausgeführt werden, als Strangleitung und als Ringleitung Tank—Brenner—Tank.

Das Strangsystem wird nur dort empfohlen, wo das Heizöl dem Brenner mit Gefälle zufließt. Der Austritt aus dem Tank muß höher liegen als die Brennerpumpe.

Wird dieser Punkt nicht beachtet, so kann eine Luftblase in der Pumpe den ganzen Betrieb stillegen. Man kann die Anlage nur entlüften durch Öffnen des Pumpengehäuses.

Liegt der Tank mit seinem Austritt tiefer als die Brennerpumpe, so kann man sich nur durch Anbau einer zweistufigen Pumpe behelfen, die aus einer Ringleitung am Ende des Stranges saugt und über ihr Überdruckventil zurückspeist.

Für die Verlegung der Rohrleitungen ist die frostfreie Führung notwendig. Hierzu ist genügend tiefes Eingraben oder gute Isolation erforderlich.

Zur Bemessung der Rohrleitungen für Heizöl M und S muß eine Viskosität von 50 °Engler zugrunde gelegt werden, entsprechend einer Öltemperatur bei M von $+ 5$ °C und bei S von $+ 50$ °C.

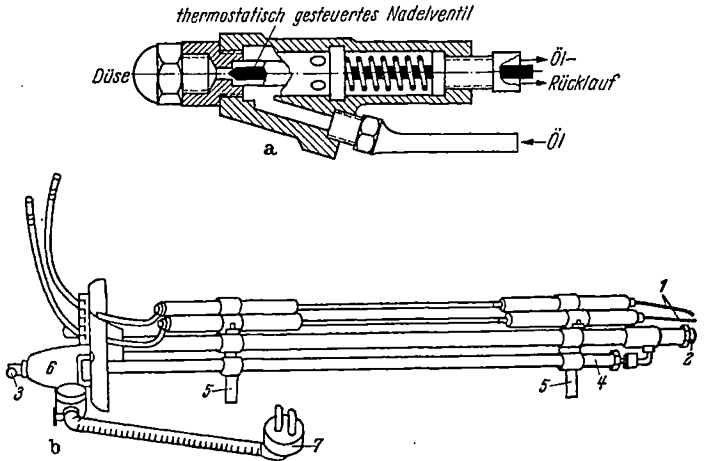

Abb. 22. Druckzerstäuber mit Nadelventil

1 Elektroden; 2 Düse; 3 Ölanschluß; 4 Ölrücklauf; 5 Elektroden-Klammer; 6 Vorwärmer; 7 Vorwärmer, Anschluß

Bei Heizöl M und S soll die Ölleitung — bzw. -leitungen bei Ringsystem — zusammen mit den Heizleitungen verlegt werden, die zum Tank führen. Das ganze Rohrbündel ist zu isolieren.

Druckhalteventil. Um ein Nachtropfen des Brenners bei Stillstand zu vermeiden, bzw. den Eintritt unzerstäubten Öles, wenn der Brenner anläuft, ist in der Leitung von der Pumpe zur Düse ein federbelastetes Ventil vorzusehen, das den Ölfluß zur Düse bei Unterschreiten des Mindestdruckes unterbricht. Bei Heizöl M und S ist auf jeden Fall eine Ringleitung zum Vorrats- oder Tagestank vorzusehen. Die Rücklaufleitung ist durch ein federbelastetes Ventil abgeschlossen. Diese Anordnung verhindert, daß kaltes hochviskoses Heizöl unzerstäubt aus der Düse austritt.

In der obigen Abbildung wird eine Ventilanordnung gezeigt, die sich besonders für Heizöl M und S bewährt hat.

Läuft der Brenner an, so wird zunächst Öl im Kreis vom Tank zum Brenner und zurück zum Tank oder zur Saugeleitung der Pumpe gedrückt. Die Düse ist durch ein federbelastetes Ventil verschlossen. Im Kreislauf hinter dem Brenner sitzt ein thermostatisch gesteuertes Magnetventil, das so lange offen ist, bis das Heizöl M die erforderliche Temperatur von 60—80 °C hat. Dann schließt das Magnetventil, der Druck in der Leitung steigt und die Düse wird freigegeben.

Parallel mit dem Magnetventil in der Rücklaufleitung befindet sich ein federbelastetes Ventil, das überschüssige Ölmengen der Brennerpumpe zurück in den Tank läßt.

Die Rücklaufleitung kann in die Saugeleitung der Pumpe, den Tagesbehälter oder Vorratstank geführt werden. Bei dem Rückfluß in die Behälter wird das Öl bis zu dem Eintritt des Saugestutzens der Ölabsaugeleitung geführt. Dieses wird aus wirtschaftlichen Gründen vorgesehen, um Wärmeverluste zu vermeiden. Die Rückführung in den Vorratstank hat den Vorteil einer gewissen Ölvorwärmung, falls keine Heizschlangen vorgesehen sind.

Auch bei Heizöl EL und L kann man eine Ringleitung vorsehen. Überschüssiges Öl wird in den Vorratstank zurückgeführt. Die Rücklaufmenge wird durch ein federbelastetes Ventil hinter dem Brenner reguliert.

Versorgungsleitung zum Tankfahrzeug. Die Bemessung der Rohrleitung, die den Vorratstank mit dem Tankfahrzeug verbindet, ist möglichst groß zu wählen. Die Leitung soll mit Gefälle zum Tank verlegt werden, damit sie nur während der Befüllung von Öl durchspült wird.

Bei Gleisanschluß kann die Belieferung durch Eisenbahn-Kesselwagen (Kwg) erfolgen. Die Schlauchverbindungen für Kwg sind vom Verbraucher zu stellen. Kesselwagen von 18—24 m³ Inhalt haben eine Länge über Puffer von 7,5—9 m. Für schweres Heizöl haben die Kesselwagen eine Heizfläche von 4—8 m². Die Heizdampfanschlüsse sind an der Stirnseite des Wagens. Beim Verbraucher muß hierfür eine Anschlußkupplung mit Klemmbügel bereit liegen (nach Bundesbahnzeichnung Fw 28.017.00 $\frac{05}{06}$).

Vor dem Aufheizen für Heizöl S ist das Kondensatventil zur Vermeidung von Wasserschlägen zu öffnen. Mit dem Warmwerden des Heizregisters im Kwg ist das Kondensatventil langsam so weit zu drosseln, bis nur wenig Dampf mit dem Kondensat austritt.

Der Heizölanschluß ist mit einem Absperrhahn NW 100 versehen und befindet sich unterhalb der Mitte des Kwg mit Anschlüssen nach beiden Seiten. Die Verbindung mit dem Absperrhahn ist ein Schraubgewinde $5^1/_2''$ Withworth nach DIN 11 mit $2^5/_8$ Gang auf $1''$.

Soll das Kondensat bei Bezug von Heizöl S wieder dem Kesselhaus zugeleitet werden, so empfiehlt sich der Einbau eines Ölabscheiders in der Rücklaufleitung.

Auf der Straße kann versorgt werden mit Kesselwagen auf Culemeyer oder durch Straßentankwagen.

Bei Straßentankwagen sind die Anschlußstücke nach Heizölsorte und Größe der Tankwagen unterschiedlich. Zur schnellen Entleerung werden folgende Anschlußmaße empfohlen.:

Heizöl S
  5¹/₂″ Ww nach DIN 11 wie oben oder
  3″ Ww nach DIN 11 mit 3¹/₂ Gang auf 1″.

Heizöl M
  3″ Ww nach DIN 11 mit 3¹/₂ Gang auf 1″ oder
  2″ Ww nach DIN 11 mit 4¹/₂ Gang auf 1″.

Heizöl L und EL
  Ein Befüllstutzen von mindestens 50 mm lichter Weite am Vorratstank.

Alle Straßentankwagen sind mit Schlauch von 10 m Länge und mehreren Übergangsstücken ausgerüstet. Falls mehr Schlauchlänge erforderlich ist, ist der Lieferant zu unterrichten, ebenso wenn der Tankwagen mit einer Pumpe ausgerüstet sein muß.

Für die Bemessung von Einfahrten ist zu beachten, daß die Tkw bis zu 20 m lang, 2,50 m breit und 3,30 m hoch sind. Der Drehkreis beträgt bis zu 14 m, Gesamtgewicht bis zu 40 t.

Heizpatrone. Bei Heizöl EL und insbesondere L ist es zweckmäßig, in der Leitung vom Tank zum Brenner eine Heizpatrone vorzusehen, die bei zeitweiser Unterkühlung des Öles eine Aufwärmung im Durchfluß auf 15—20 °C gestattet. Paraffinkristalle sollen durch diese Erwärmung wieder gelöst werden. Paraffinkristalle lösen und bilden sich bei derselben Temperatur, sie liegt für Heizöl EL bei − 8 bis − 10 °C.

Die Heizpatrone soll vor dem Filter vorgesehen werden. Doppelfeinfilter nach Siebkerzen-Bauart mit Drahtgewebe sind vor dem Brenner eingebaut. Sie haben den Zweck, Verunreinigungen im Öl und Verschmutzungen durch Rost, Schweißperlen usw. abzufangen. Auf keinen Fall ist die Filterung durch Filzringe ratsam. Schließlich sorgt die Heizpatrone für eine konstante Öltemperatur und damit Viskosität des Öles.

Bei Heizöl M erübrigen sich Heizpatrone und Feinfilter in der Zulaufleitung zum Brenner. Die Filter im Brenneraggregat sind im allgemeinen ausreichend, um die Pumpe und die Düse des Brenners vor Verunreinigung und Zerstörung zu schützen.

Ölpumpen. Die Saug- und Druckpumpe des Druckölbrenners ist ein Präzisionsinstrument. Das Prinzip ist ein durch Stahlzahnräder verwirklichter Effekt der Verdrängerpumpe. Sie werden ein- und zweistufig ausgeführt. Der Zahnabstand zum Gehäuse beträgt wenige Tausendstel Millimeter. Am gebräuchlichsten ist die Innenverzahnung, wobei die Zahnräder exzentrisch angeordnet sind. Bei dieser Konstruktion ist die Auflagefläche der Zähne größer, wodurch eine bessere Dichtung und damit Leistung erzielt wird.

Die Ölsaug- und Druckpumpe ist zumeist als Zahnradpumpe ein- oder zweistufig ausgebildet. Die Abb. 23 zeigt eine schematische Darstellung der Wirkungsweise derartiger Zahnradpumpen.

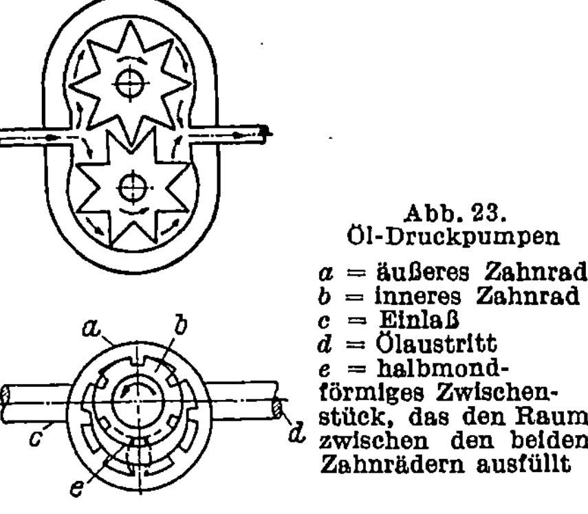

Abb. 23.
Öl-Druckpumpen

a = äußeres Zahnrad
b = inneres Zahnrad
c = Einlaß
d = Ölaustritt
e = halbmondförmiges Zwischenstück, das den Raum zwischen den beiden Zahnrädern ausfüllt

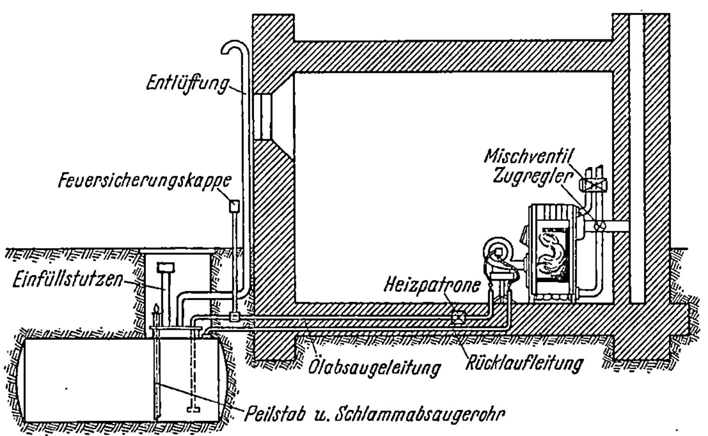

Abb. 24. Schematische Darstellung einer Kessel-Ölfeuerungsanlage für Heizöl EL und L

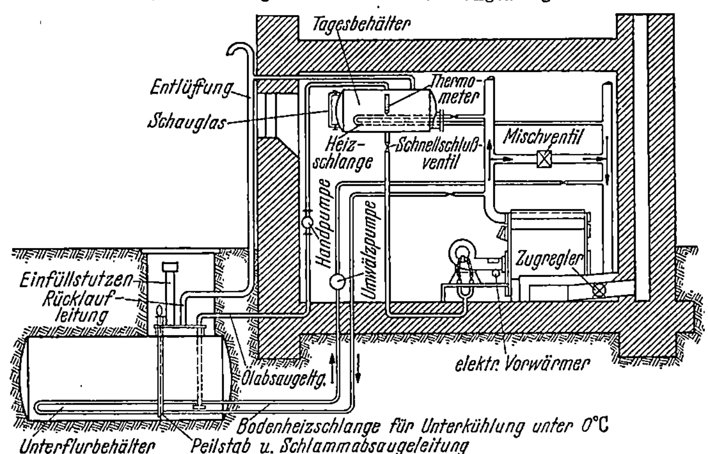

Abb. 25. Schematische Darstellung einer Kessel-Ölfeuerungsanlage für Heizöl M

1 Vorratstank
2 Peilrohr
3 Auffüllstutzen
4 Entlüftung
5 Heizsystem
6 Saugefilter
7 Förderpumpe
8 Handpumpe
9 Entwässerung
10 Absperrventil·
11 Tagesverbrauchstank
12 Rücklaufleitung
13 Auffülleitung
14 Entlüftung
15 Schwimmer-
    einrichtung

16 Heizdampf
17 Elektropatrone
18 Entleerung
19 Entwässerung
20 Schnellschluß-
   ventil
21 Dreiwegehahn
22 Betriebspumpe
23 Durchflußvorwärmer
24 Druckfilter
25 Brenner
26 Regulierventil
27 Kondenswasserableiter
28 Saugefilter
29 Thermometer
30 Kondensatleitung

Falls alle Durchführungen am Vorratstank durch den Domdeckel geführt werden, ist die Absaugeleitung am Ende mit einem Rückschlagventil zu versehen. Die Anordnung ist in den Gesamtkosten billiger, aber in der Wirtschaftlichkeit ungünstiger.

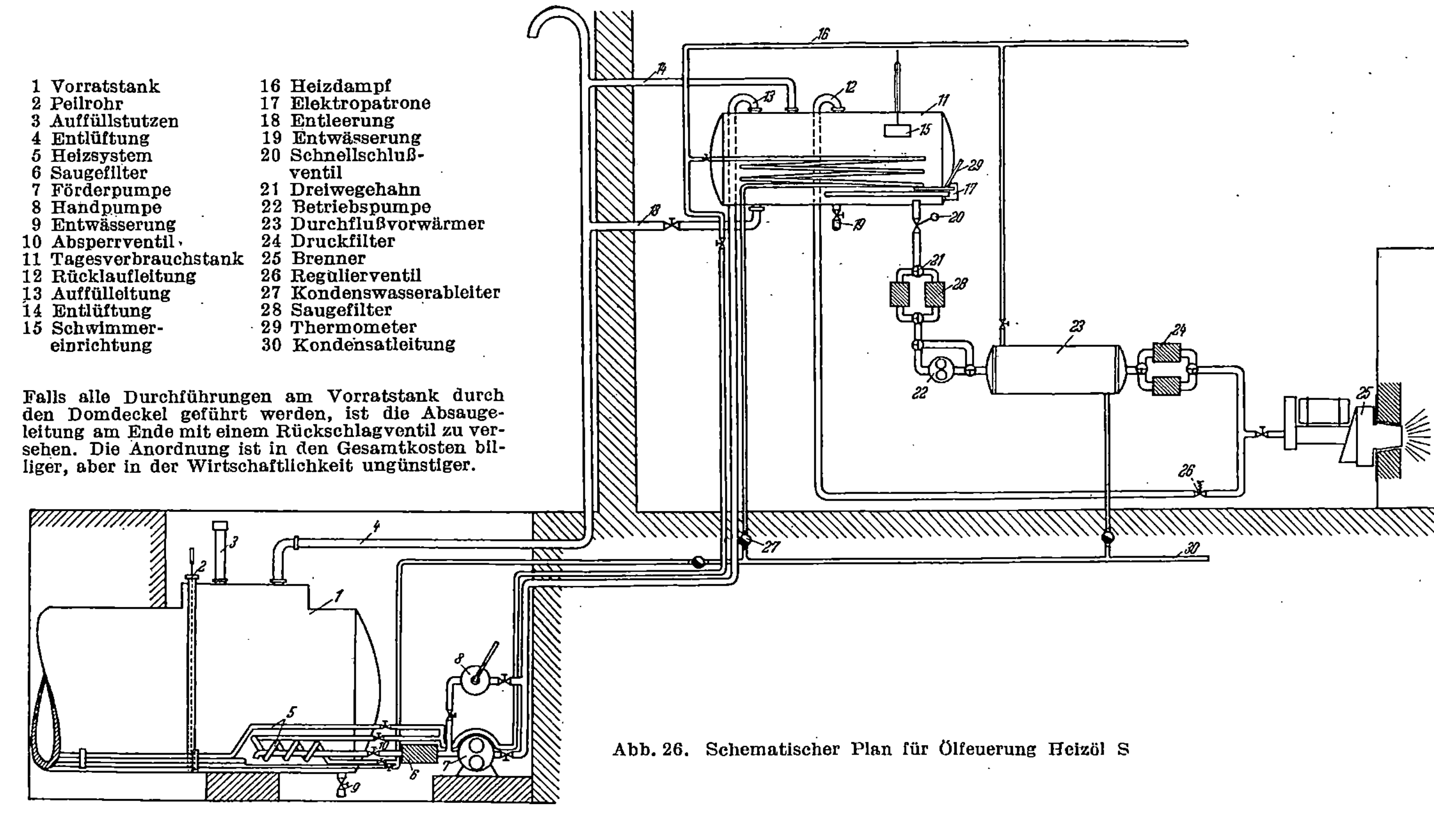

Abb. 26. Schematischer Plan für Ölfeuerung Heizöl S

Bei einer anderen Ausführung der Ölpumpen sind zwei Zahnräder exzentrisch ineinander angeordnet. Die Wirkungsweise geht aus der Abb. 23 unten hervor.

In jedem Fall sind die Pumpen so bemessen, daß sie wesentlich mehr Öl fördern, als die Düse abführt. Das überschüssige Öl wird über ein Druckhalteventil in der beschriebenen Weise zurückgeführt. Bei Normalumdrehungen von 1725 pro Minute fördert die Pumpe 55—100 Liter pro Stunde, während der Ölverbrauch nur 3—10 Liter beträgt. Der Energiebedarf für die Pumpe liegt unter 0,12 PS. So spielt der Energieverlust durch Mehrförderung keine Rolle.

In den Abbn. 24, 25 und 26 sind Tankanlage und Rohrleitungsverlegung bei den Heizölsorten EL, L und M bzw. S dargestellt.

c) Brennereinbau

Zimmeröfen mit Verdampfungsbrennern. Bei Zimmeröfen stellt der Verdampfungs- und Verbrennungsprozeß des Öles derartige Anforderungen an die Zugverhältnisse, daß es nicht möglich ist, einen normalen Kohledauerbrandofen wirtschaftlich durch Einsetzen eines Verdampfertopfes in einen Ölofen zu verwandeln, d. h. eine wesentliche Umlenkung der Abgase im Ofen ist für Ölöfen nicht tragbar. Zimmeröfen sind eine fertig ausgerüstete Einheit. Bei der Aufstellung ist lediglich zu beachten, daß der Ofen in der Waage steht, Falschluft vermieden und aller Zug ausgenützt wird.

Öfen und Kessel mit Gebläse-Verdampfungsbrennern. Verdampfungsbrenner mit Gebläse stellen keine kostspieligen Ansprüche beim Einbau. Die Feuertür des Kessels wird durch eine Eisenplatte ersetzt, in die ein Loch geschnitten wird, das dem Durchmesser des Luftrohres entspricht. Der Brenner wird mit einem Flansch aufgeschraubt und die Durchtrittsöffnung mit einem Asbestring gegen Falschluft abgedichtet. Ausmauerung des Kessels ist nicht erforderlich.

Die weiteren Bedingungen für einen einwandfreien Betrieb wurden bereits vorher aufgezeigt.

Kessel mit Zerstäuberbrenner. Komplizierter ist der Einbau eines Zerstäuberbrenners. Die Brenner haben in den meisten Fällen einen verstellbaren Fuß, um das Brennerrohr der Feueröffnung anzupassen. Die Einbauhöhe des Brenners ist in dem folgenden Kurvenblatt dargestellt.

Werden diese Richtwerte nicht eingehalten, so ergeben sich Flammenstauungen. Unvollkommene Verbrennung, Qualm und Rußablagerung sind die Folgen. Liegt der Zerstäubungskegel derart, daß unverbranntes Öl auf feste Flächen auftrifft, so bildet sich Koks, der schnell anwachsend den Betrieb völlig lahmlegen kann. Die Koksbildung beruht auf der Unterbrechung des Verbrennungsvorganges. Das Heizöl wird durch den Zerstäuber in feinste Tropfen zerlegt. Die Tropfen werden unter Einfluß der heißen Ofenatmosphäre bzw. bei der Zündung durch die Wärme des elektrischen Lichtbogens verdampft und auf die Temperatur übergeleitet, die zur Zündung erforderlich ist. Die dabei

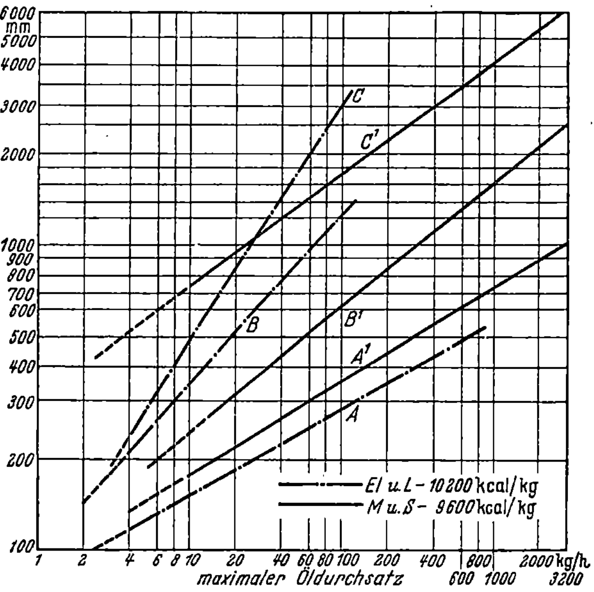

Abb. 27. Richtwerte für den Einbau von Zerstäuberbrennern in Kessel

Düsen-Bodenhöhe für Heizöl „L" = A, Heizöl „S" = A¹
Feuerraumhöhe bzw. Durchmesser Flammrohr „L" = B, „S" = B¹
Feuerraumlänge, „L" = C, „S" = C¹
Bei quaderförmigen Brennkammern soll B = ¹/₄ C sein
ist C entsprechend Richtwert zu kurz, muß B größer sein
Bei runden Brennkammern liegt Brenner in der Mittelachse
(Richtwert nicht eingezeichnet)

entstehenden gasförmigen Kohlenwasserstoffe zünden bei Vorhandensein von Sauerstoff. Die dabei entstehende Wärme führt zum Spalten (Cracken) der schwereren Kohlenwasserstoffe, wobei Wasserstoff abgespalten wird und Kohlenstoffskelette gebildet werden. Der Kohlenstoff bläht sich durch Verkoken auf und verbrennt schwebend, weißglühend als Leuchtträger der Flamme.

Trifft ein Tröpfchen auf die Wandung auf, so crackt das Öl unter Einfluß der Ofenwärme und Koks setzt sich ab.

Oftmals ist es nicht möglich, die genügende Einbauhöhe gemäß Richtwert zu erreichen, da die Feuertür zu niedrig ist. Dann muß dem Kessel ein Vorderglied vorgesetzt werden, das eine höhere Durchtrittsöffnung hat.

d) Anlageteile zur Erhöhung der Wirtschaftlichkeit und Betriebssicherheit

Da es sich in den meisten Fällen des Öleinsatzes nicht um die Befeuerung von Spezialölkesseln handelt, sondern um die Umstellung von Kohlekesseln auf Heizöl, so muß zum Verständnis der baulichen Veränderungen am Kessel zunächst die Charakteristik der Koks- und Ölverbrennung betrachtet werden.

Charakteristik der Koksverbrennung. In einer Koksheizung ist der Kohlenstoff der Träger der Wärmeenergie. Die Verbrennung wird über den Wasserstoff, der sich aus der Koksfeuchtigkeit (5—11%) und dem Wasserdampf der Luft bildet, eingeleitet. Der Kohlenstoff verbrennt mit dem Sauerstoff der Luft nach der Gleichung:

$$C + O_2 = CO_2$$

und

$$C + O_2 = CO + O.$$

Zwischen CO_2 und CO stellt sich ein Gleichgewichtszustand ein, der von der Temperatur abhängig ist. Bei einer Temperatur von 1000 °C ist das Kohlendioxyd fast vollständig in Kohlenoxyd reduziert. Dieser Fall tritt ein, wenn das Kohlendioxyd durch eine heiße Brennstoffschicht geführt wird, wie dies bei allen Koksheizungen der Fall ist. Ist der Ofen gut durchgebrannt und wird feuchter Koks neu aufgeworfen, so werden die CO-Gase unter Zündpunkt abgekühlt und die Abgase enthalten viel CO. Das feuchte CO kann auch zu CO_2 und Wasserstoff weiterverbrennen:

$$CO + H_2O = CO_2 + H_2$$

Kohlenoxyd + Wasser = Wassergas

Die wirkliche Verbrennung verläuft also nach zwei Gleichungen:

$$O + CO \rightleftarrows CO_2$$

und

$$O + H_2 \rightleftarrows H_2O.$$

Jede Koksheizung ist also auch ein Gaserzeuger.

Die Luftmenge wird bestimmt durch den Zug und den freien Rostquerschnitt. Der Zug ergibt sich aus der Abgastemperatur. Legt man den Zug zu einer bestimmten Temperatur fest, so ergibt sich, daß die Wärmeleistung von Rostquerschnitt und Temperatur abhängig ist. Die

Regelung durch Temperatur und damit Zugerhöhung läßt sich nur bis zu einer gewissen Grenze durchführen. Wird die Temperatur des Brennstoffes derart, daß die Asche zum Schmelzen kommt, so entsteht feste Schlacke, die den Rost zusetzt und damit den Zug behindert.

Der Schmelzpunkt der Asche liegt bei Vorhandensein von Silikaten und Aluminiumoxyden hoch; bei Überwiegen von Eisen und Kalk-Alkalienoxyden ist er niedrig.

Die Zusammensetzung der Asche ist von der natürlichen Beschaffenheit der Kohle abhängig. Weder bei der Förderung noch durch Aufbereitung (Waschen) läßt sich hieran etwas ändern.

Die Temperaturverhältnisse müssen also dem Charakter der Kohle angepaßt werden. Auf jeden Fall führen zu heiße Verbrennungsgase nicht nur einen großen Teil der fühlbaren Wärme ungenutzt ins Freie, sie beeinträchtigen auch die Lebensdauer des Kessels.

Eine zu hohe Glutschicht hat also nicht nur Wärmeverluste zur Folge, es geht auch der größte Teil des Kohlenoxydes unverbrannt ins Freie.

In der Praxis erkennt man dies daran, daß trotz hoher Brennstofftemperatur die Wassertemperatur nicht steigt, sondern sogar fällt. Öffnet man durch den Kessel-Thermostaten über Kettenzug die Luftregulierklappe, so wird der Verbrennungszustand nicht verbessert, sondern verschlechtert. Die Temperatur des Kokses bleibt bei einer bestimmten Temperatur stehen, je nach der Kohlenstoffmenge, d. h., je nachdem man einen porösen und leicht verbrennlichen oder dichten, schwer verbrennlichen Koks verfeuert. Die hieraus resultierende Überhitzung führt zur Verschlackung und damit zu Luftmangel und Leistungsminderung durch unvollkommene Verbrennung. Diese falsche Bedienungsweise kann darin zusammengefaßt werden, daß man durch Übertemperatur zu erreichen versucht, was nur durch Zeit erbracht werden kann.

Wärmeübertragung Koks zum Kessel. Die Wärmeübertragung des Kokses zum Warmwasser- bzw. Niederdruckdampf ist bei den ständig wechselnden Temperaturen und Koksbettverhältnissen nicht exakt zu erfassen.

Das Koksbett ist über dem Rost rot- bis weißglühend und gibt auf viererlei Weise seine Wärme an das Heizmedium ab:

a) Durch Berührungswärme dort, wo die Glut die Kesselwandung berührt. Diese Kontaktwärme wird allerdings weitgehend dadurch gemindert, daß der Koks an den Berührungspunkten stark abgekühlt wird;

b) das leuchtende Koksbett strahlt als schwarzer Körper an die Wandungen. Die Strahlung ist mit $350\,000$ kcal/m² h anzunehmen;

c) CO und H_2 verbrennen über der Koksglut. Die Flammen schlagen durch das Koksbett und in den Verbrennungsraum. Sie geben ihre Wärme durch Berührung ab;

d) die Abgase streichen durch die Kesselzüge und geben ihre Wärme konvektiv ab.

Der Brennstoff über der Glutzone wirkt als Wärmeaustauscher. Ein Teil der Verbrennungswärme wird gebunden, um die Koksfeuchtigkeit zu verdampfen und um den Koks auf Zündtemperatur zu bringen.

Aus den beschriebenen Vorgängen kann gefolgert werden, daß ein Kokskessel am günstigsten bei relativ niedrigen Verbrennungstemperaturen arbeitet.

Die Verbrennung ist mit einer wabernden Lohe zu vergleichen, ohne wesentliche Dynamik in den Flammen und Abgasen. Der Wirkungsgrad des Kessels gemäß Konstruktionsdaten wird nur bei einem schmalen Zustandsbereich verwirklicht. Mit der Veränderung der Glutbetthöhe verschieben sich die Verbrennungsreaktionen und Wärmeübergangsverhältnisse. Je nach Aschenart und Menge des Kokses wird der Luftstrom beeinflußt, der so weit gedrosselt werden kann, daß die Verbrennung unvollkommen ist. Schnelle Verrußung der Nachheizflächen und hohe Abgasverluste sind die Folge. Vom Brennzustand abhängig ist die Temperatur, die wiederum den Zug beeinflußt. Diese Faktoren werden in der Praxis bestätigt. Der Betriebswirkungsgrad eines handbedienten Kokskessels liegt — über die Heizsaison gemessen — selten über 50%. Leider wird immer wieder hervorgehoben, daß der Kokskessel kaum einer Wartung bedarf. Die Zusammenhänge und wesentlichen Punkte wurden erläutert. Es dürfte daraus für den Laien klar sein, daß auch ein Kokskessel einer Wartung und Beobachtung bedarf, um die Verluste auf ein tragbares Maß zu vermindern.

Nur 10% aller Wohnungseinheiten im Bundesgebiet werden zentral mit Koks beheizt. Von diesen kann bei 60% in größeren Gebäuden geschultes Heizerpersonal vorausgesetzt werden. Fast die Hälfte aller Heizkessel ist in Wohnhäusern installiert, wo die Bedienung durch ein Personal erfolgt, dem feuerungstechnische Kenntnisse völlig fehlen. Daher sind die Wärmeverluste in Wohnhäusern besonders groß. Oftmals ist der Kessel stundenlang ohne jede Aufsicht und es ereignen sich Folgerungen aus den oben beschriebenen Vorgängen.

Durch unzweckmäßige Luftzufuhr entweicht die Wärme aus dem Schornstein, die Schlackenbildung wird gefördert, der Kessel gast oder brennt durch und nicht selten erlischt das Feuer.

Kesselverluste. Zwei Verlustarten sind unvermeidbar: Abstrahlungsverluste des Kessels und ein bestimmter Schornsteinverlust. Der Luftmotor für die Verbrennungsluft ist die warme Luftsäule im Kamin. Ihr Auftrieb saugt die Frischluft in den Ofen. Der Auftrieb — durch die Abgastemperatur bedingt — hat einen Wärmeverlust zur Folge, der bei Anlagen mit natürlichem Zug zumindest 15% beträgt. Geringer kann er nur sein, wenn man mit künstlichem Zug arbeitet. Druck- oder Saugzuggebläse müssen reguliert werden.

Damit kommen wir zu der Folgerung, daß der Heizvorgang viel zu kompliziert ist, als daß er sich ohne Regler und Meßinstrumente über- wachen ließe.

Bei Koks scheitert die vollkommene Regulierung an den ständig wechselnden physikalischen Eigenschaften des Brennstoffes und des

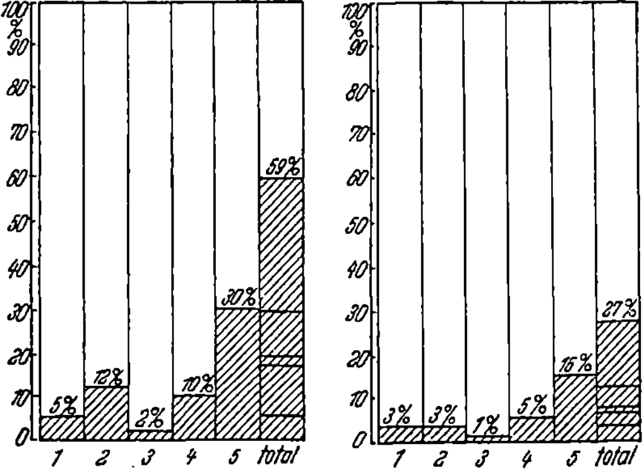

Abb. 28. Aufstellung der Verluste bei der Feuerung von Heizungskesseln

1 Verlust durch Unverbranntes (Asche, Schlacke, Rostdurchfall); *2* Verlust durch unverbrannte Gase; *3* Verlust durch Ruß; *4* Verlust durch Leitung und Strahlung; *5* Schornsteinverlust

Brennstoffbettzustandes. Vollkommen kann die Feuerung nur da sein, wo der Brennstoff ständig gleich in Form und Zustand dargeboten wird, also bei Gas oder Heizöl.

Charakteristik der Ölverbrennung. Die genaue Dosierung von Brenn- stoff und Luft ist bei Öl kein Problem, zumal bei vollautomatischen Anlagen der Kessel durch „An-Aus"-Schaltung reguliert wird, d. h. immer gleicher Öldurchsatz entsprechend der Nennleistung des Kessels. Die Luft kann fest eingestellt werden. Vollkommene Ausnutzung der Brennstoffwärme ist nur gegeben, wenn annähernd der theoretisch mögliche CO_2-Gehalt von 15,3% erreicht wird und wenn die Abgas- temperatur möglichst niedrig liegt.

Der vollkommene Ausbrand des Öles setzt eine gewisse Zeit ent- sprechend einer bestimmten Flammenlänge voraus. Eine niedrige Ab- gastemperatur setzt voraus, daß die Verbrennungswärme möglichst weit ausgenutzt wird, daß also bei einer gegebenen Länge der Abgas- wege die Flamme möglichst kurz ist. Damit wird die Strahlungswärme der intensiv leuchtenden Flamme mit höchster Verbrennungstemperatur weitgehend ausgenutzt und die Abgase haben für die Konvektion einen möglichst langen Weg zur Verfügung.

Es stehen also zwei Forderungen gegeneinander: Eine *lange* Flamme um eine vollkommene Verbrennung des Brennstoffes zu erzielen. Eine möglichst *kurze* Flamme, um durch Konvektion die Wärme der Abgase abzuführen, denn der Kokskessel ist vornehmlich für Strahlungswärmeübergang konstruiert.

Die Ölflamme ist in bezug auf Strahlungswärme der Koksfeuerung unterlegen. Die Abgabe der Strahlungswärme wird durch die notwendige teilweise Ausmauerung des Kessels bei Öleinsatz behindert. In bezug auf Konvektion ist die Ölflamme dem Koks nicht überlegen, da das Verbrennungsgasvolumen geringer ist als bei Koks. Die Konvektion ist abhängig von der Gastemperatur und Geschwindigkeit des Gases. Bei geringem Volumen ist die Geschwindigkeit der Gase geringer. Die Flammentemperatur ist bei Öl höher, gleicht aber die Geschwindigkeitsverminderung nicht aus. Will man demzufolge bei Öl in einem Kokskessel dieselbe Leistung erzielen, so muß man Maßnahmen ergreifen, um bei kürzester Flamme vollkommenen Ausbrand zu erzielen und die Abgaswege verlängern, um durch erhöhte Verweilzeit der Gase im Kessel die Wärme besser ausnutzen zu können. Diese Forderung wird durch einen hohen CO_2-Gehalt und niedrige Abgastemperatur sichtbar.

Ausmauerung des Kessels. Das Hilfsmittel, um diese Probleme zu lösen, ist die Ausmauerung. Die Ausbildung der Ausmauerung steht unter folgenden Gesichtspunkten und teils rivalisierenden Bedingungen:

1. Die Ausmauerung dient zum Schutze der Kesselteile. Die intensive Strahlungswärme der Ölflamme im Verein mit den thermischen Schüssen bei vollautomatischer „An-Aus"-Schaltung gefährdet die Kesselteile, die der Strahlung ausgesetzt sind an den Stellen, wo das Kesselwandmaterial unterschiedliche Stärken aufweist. Die gleichmäßigen Materialstärken der Heizflächen der Brennkammer sind bei Ölfeuerung weniger beansprucht als bei Koksfeuerung; liegt doch bei Koks Glut und „kalter" Koks unmittelbar übereinander an der Wand, während bei Öl die Wand gleichmäßig von einem zentralen Punkt bestrahlt wird.

Auch alle Materialkanten, die der Flamme ausgesetzt sind, müssen geschützt werden. Zusammengefaßt stellt diese Forderung den Anspruch möglichst großer Ausmauerung.

2. Die Ausmauerung hat die Aufgabe, die Flamme derart einzufassen, daß diese sich in eine Mulde oder in einem Tunnel entwickelt. Da mineralische Heizöle nicht nur aus Kohlenwasserstoffen bestehen, die bei niedrigen Temperaturen verdampfen oder vergasen, sondern zum Teil aus Kohlenwasserstoffen, die erst thermisch aufgebrochen werden müssen, bevor sie über verschiedene Reaktionsstufen zu CO_2 und H_2O verbrennen, muß der Flamme Wärme zugeführt werden. Die kalten Kesselwandungen bewirken das Gegenteil und lassen die Flamme erfrieren. Die Folge ist Rußen und niedriger CO_2-Gehalt in den Abgasen.

3. Die Ausmauerung hat die Aufgabe, die Abgase umzulenken, damit ein längerer Abgasweg erreicht wird.

4. Mit jedem Zündvorgang der Flamme ist eine Kondensation der Abgase an den kalten Kesselheizflächen verbunden. Diese Kondensation umfaßt zwar nur Bruchteile einer Sekunde, genügt aber doch, um evtl. Schwefelverbindungen zur Lösung zu bringen und zur Bildung von Eisensulfitspuren. Diese Korrosion ist zwar bedeutend geringer als beispielsweise die Eisenoxydbildung durch Rosten. während der Kesselstillstandsperiode, sie ist aber vorhanden, sobald die Kesselwassertemperatur unter 60 °C gefahren wird (siehe Abschnitt „Taupunkt"). Die Ausmauerung fängt den größten Teil dieser Kondensation ab. Bei Wahl eines geeigneten Leichtschamotte-Materials mit geringer Wärmeleitung für die Ausmauerung wird dieser Effekt durch schnellen Temperaturanstieg der Kesselwandung teilweise aufgehoben.

5. Die Ausmauerung soll möglichst gering gehalten werden, um nicht unnötige Heizfläche abzudecken.

6. Das Ausgangsmaterial soll ein feuerfester Leichtschamottestein sein, der etwa folgenden Spezifikationen entspricht, wobei drei Steinqualitäten für verschiedene Höchsttemperaturen unterschieden werden:

Tabelle 4

	I.	II	III
Max. Betriebstemperatur. .	1,260 °C	1,430 °C	1,540 °C
Spez. Gewicht	0,58 kg/dm³	0,76 kg/dm³	0,76 kg/dm³
Porosität.	75%	72%	—
Druckfestigkeit	10,5 kg/cm²	10,5 kg/cm²	8,45 kg/cm²

Wärmeleitfähigkeit	°C	kcal/hm² m °C
I	260	0,16
	538	0,21
	816	0,26
II	260	0,235
	540	0,30
	815	0,36
III	538	0,30
	816	0,36

So ergeben sich für die Ausmauerung von Warmwasserkesseln die folgenden Bauformen, die Vorschläge darstellen. Im einzelnen bedarf jede Anlage genauer Prüfung hinsichtlich Brennkammermaß, Zugverhältnisse, Brennertype und Ölsorte.

Besonders wird darauf hingewiesen, daß das Flammenende durch eine Mauer — evtl. mit Lücken — begrenzt sein soll. Seitenwände sollen — wenn möglich — nicht an der Kesselwand anliegen. Bei Niederdruckdampf ist eine Abdeckung des Dampfraumes gegen Flammenstrahlung vorzusehen. In der Praxis empfiehlt es sich, die vertikalen Flammenbegrenzungswände zunächst lose aufzustellen. Jetzt wird der Brenner angestellt und das Mauerwerk so lange verschoben, bis die

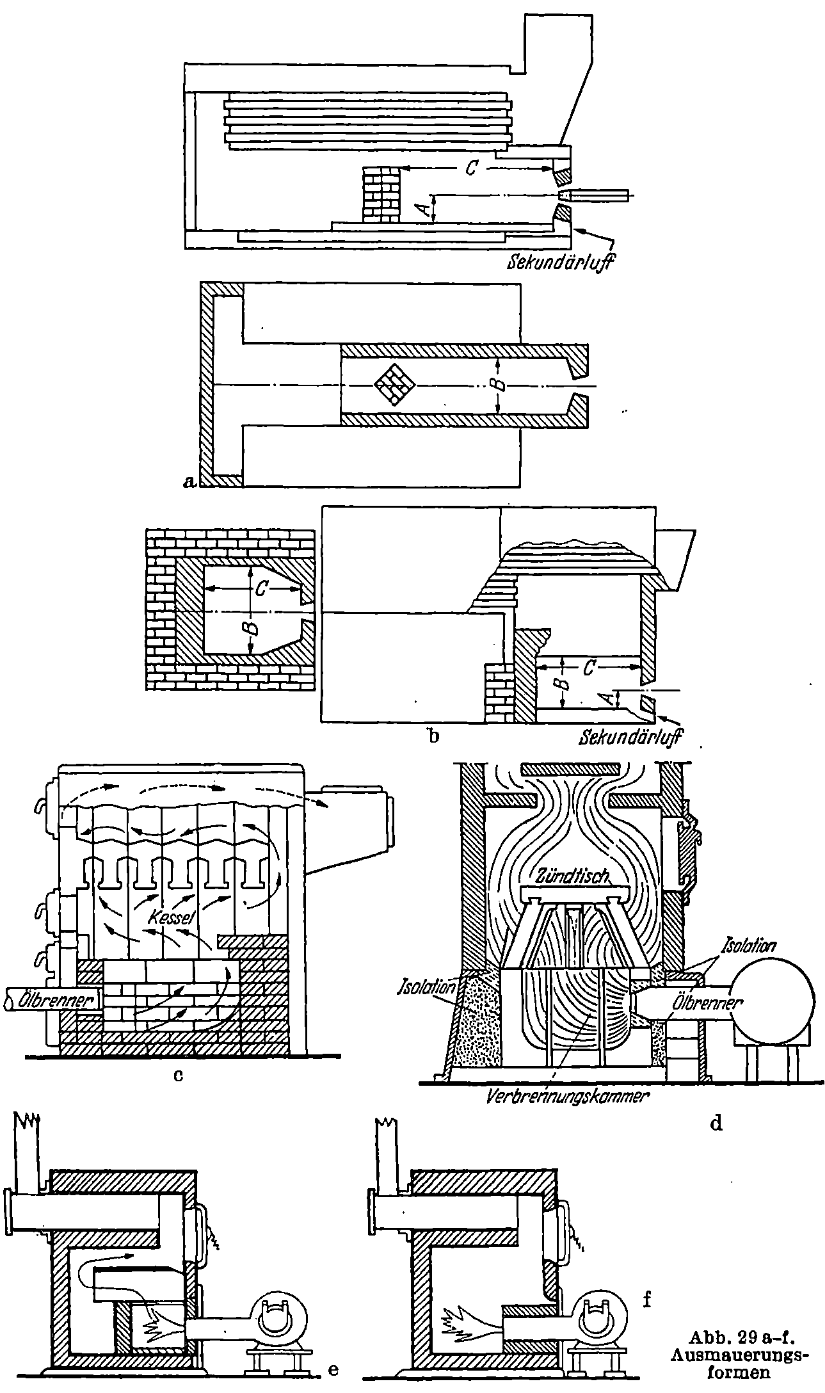

Abb. 29 a–f.
Ausmauerungs-
formen

richtige Lage gefunden wird entsprechend einer möglichst kurzen Flamme mit hohem CO_2-Gehalt in den Abgasen.

Durch die Festeinstellung des Verbrennungsapparates sind Druck und Durchsatz des Öles und zugemischter Luftanteil gegeben, d. h. die Aufbereitung konstant. Durch richtige Einbaurichtung und Höhe des Brenners sowie Ausführung der Ausmauerung ist eine vollkommene Verbrennung des aufbereiteten Öles gewährleistet. Weitere Vorrichtungen sind erforderlich, um diese Verhältnisse nicht zu stören; sie umfassen im wesentlichen die Punkte:

Zugregler. Schwankungen in den Zugverhältnissen des Kessels beeinflussen die Flammenlänge und damit die Abgastemperatur. Ein Zugregler sollte bei jedem Kessel vorgesehen sein. Er hat die Aufgabe, Zugveränderungen über einen bestimmten Wert abzufangen. Er besteht

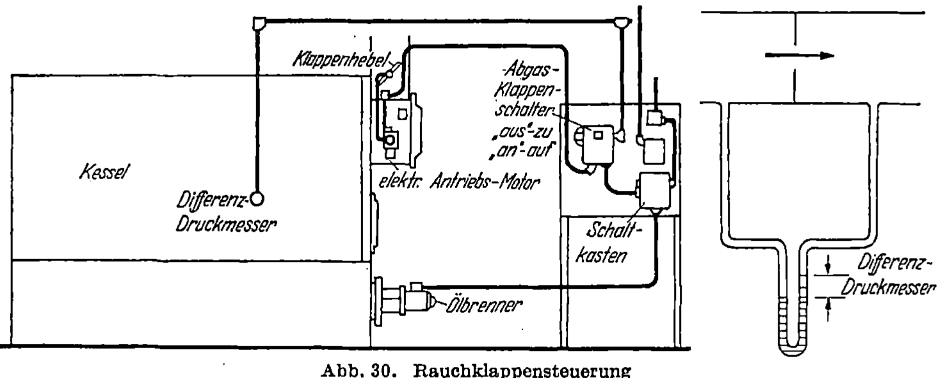

Abb. 30. Rauchklappensteuerung

aus einer hängenden, gewichtbelasteten Klappe, die — im Abzug zwischen Kessel und Schornstein eingebaut — dann öffnet, wenn der Zug einen eingestellten Wert überschreitet.

Zuluftklappe und Rauchgasklappe. Bei Stillstand des Brenners während der „Aus-Periode" hat die warme Luft im Kessel und Schornstein das Bestreben, nach oben zu entweichen. Ein entsprechender Kaltluftstrom fließt nach und kühlt die Kesselwandung und Ausmauerung ab. Die Folge ist ein wirtschaftlicher Verlust von Wärme und unter Umständen Qualmen und Rußen beim Anfahren. Gute Brennerkonstruktionen haben eine Luftklappe vor dem Ventilator, die entweder mechanisch gesteuert wird oder in einfacher Weise dadurch schließt, daß ihr Eigengewicht sie bei Unterschreiten eines gewissen Zuges zufallen läßt. Der Öffnungszug entspricht der Saughöhe des Gebläses. Eine andere Ausführungsform ist die im Bild dargestellte Rauchgasklappensteuerung, die hinter dem Kessel sitzt und bei Stillstand des Brenners schließt.

Schornstein. Die Mängel am Schornstein wirken sich bei jeder Feuerungsart aus. Grundsätzlich ist wichtig, festzustellen, daß das Abgasvolumen von Koks und Heizöl nicht so wesentlich unterschieden

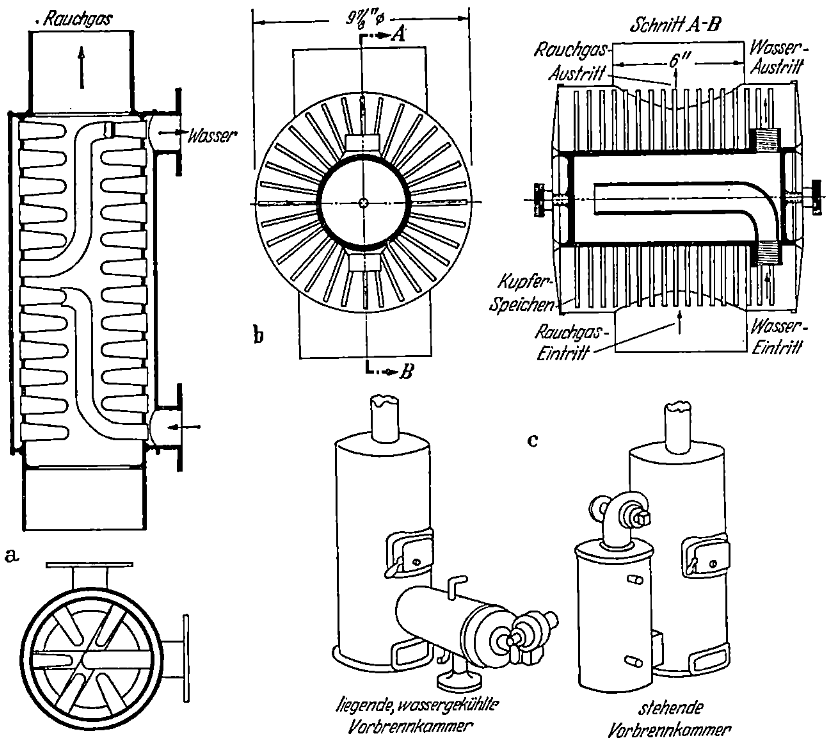

ist, daß der Schornsteinquerschnitt verändert werden müßte.

Es soll in diesem Zusammenhang darauf hingewiesen werden, daß unbedingt ein freier Zutritt der notwendigen Verbrennungsluft zum Brenner gesichert sein muß. Der freie Querschnitt — z. B. im Fenster — muß mindestens dem Schornsteinquerschnitt entsprechen. Praktisch ist das Ausglasen einer Scheibe im Kellerfenster und Einsetzen eines Maschendrahtgitters.

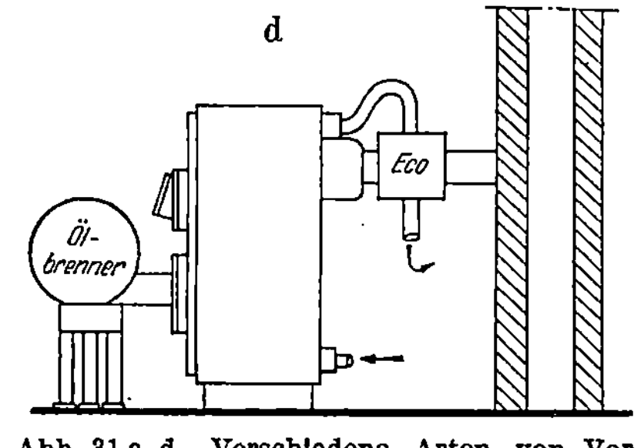

Abb. 31 a–d. Verschiedene Arten von Vor- und Nachheizflächen

Heizflächenvergrößerung. Brauchbare Vorschläge zur Vergrößerung der Kesselheizfläche bei Verlust durch Ausmauerung bzw. zur Vorverlegung der Brennkammer sind in den Abbildungen dargestellt.

Taupunkt. Unter Taupunkt ist die Temperatur zu verstehen, bei der gas- oder dampfförmige H_2O-Bestandteile der Abgase zu Wasser kondensieren.

Bei schwefelarmen Brennstoffen liegt der Taupunkt bis zu einem Schwefelgehalt von 0,5% unter 100 °C, eine Temperatur, die in einem Warmwasser- oder Niederdruckdampfkessel kaum zu erwarten ist, es sei denn in der Anheizphase. Für Schwefelgehalte im Brennstoff zwischen 1% und 6% liegt der Taupunkt zwischen 120 °C und 140 °C.

Ein Teil des Schwefels wird zu SO_3 verbrannt, der Großteil zu SO_2. SO_3 löst sich in der Feuchtigkeit, die sich bei Taupunktunterschreitung auf den Nachheizflächen niederschlägt und greift als Schwefelsäure das Metall an. Wesentlich ist, dafür zu sorgen, daß einmal die Abgase nicht zu weit ausgenutzt — abgekühlt — und daß die Kesselwandungen nicht zu kalt gefahren werden. Diese Forderung wird erfüllt, wenn die Abgastemperatur 140 °C nicht unterschreitet und wenn die Kesselwassertemperatur über 60 °C liegt. Bei milder Witterung wird das Kesselwasser oftmals so gefahren werden, daß es eine Temperatur von ca. 35 °C in den Radiatoren nicht übersteigt. Zwei Wege ermöglichen diese Bedingung unter Beibehaltung der hohen Wassertemperatur im Kessel:

Entweder werden einzelne Heizkörper im Raum abgestellt oder die Radiatorenventile werden soweit gedrosselt, daß das 60 °C warme Wasser aus dem Kessel nur in so geringen Mengen zu dem Radiator tritt, daß die Wassertemperatur in diesem ca. 35 °C beträgt. Das setzt einiges Geschick voraus und widerspricht der Forderung einer Vollautomatik. Die andere Lösung liegt in einem Wassermischventil, das das aus dem Kessel tretende Warmwasser mit dem rücklaufenden Wasser verbindet. Der Wasserkreislauf wird hierbei zweigeteilt: einmal der Kreislauf Kessel—Mischventil—Kessel und Mischventil—Radiatoren—Mischventil, wobei der erste Kreislauf zwischen 60 und 80 °C, thermostatisch vom Kesselwasser gesteuert, hält, während der Heizwasserkreislauf in Hause — je nach Beimischungsverhältnis des Kesselheißwassers 35—80 °C beträgt. Die Zumischung kann durch ein Handventil gesteuert werden bzw. durch ein thermostatisch gesteuertes Ventil von der Raumtemperatur her.

Leider sind letztgenannte, motorgetriebene Ventile teuer. Für größere Anlagen machen sie sich in kurzer Zeit bezahlt, da Wirtschaftlichkeit und Lebensdauer der Gesamtanlage bedeutend erhöht werden, denn eine konstante, hohe Kesselwassertemperatur bedeutet eine gute Kesselleistung entsprechend Vollast und behebt die Versottungsgefahr, die insbesondere bei Koks zu beobachten ist, wenn in der Übergangsjahreszeit mit niedriger Kessellast gefahren wird.

Additives. Hochgespannte Erwartungen sind oftmals an dieses Wort geknüpft, die sich bei näherer Betrachtung nicht erfüllen. Additives sind Mittel, die auf Grund ihrer chemischen oder physikalischen Eigenschaften gewisse unangenehme Begleiterscheinungen oder Begrenzungen aufheben sollen. Sie werden in flüssiger, fester oder Gasform zumeist nur in Spuren zugesetzt.

Verbunden mit einer Ölheizung kann man drei Hauptgruppen unterscheiden, bei denen Additives eingesetzt werden:

1. Zur Vermeidung von Schlammablagerungen in Heizöltanks. Heizöl M und S sind in ihrer Erscheinungsform selbst schlammartig. Eine Vermeidung von Schlammbildung ist deshalb bei diesen Sorten uninteressant. Ein Problem ist aber bei Heizöl EL und L gegeben, wenn der Tank sehr weit leergefahren wird, und Schlamm durch die Rohrleitungen zu den Filtern und Düsen gelangt.

Es wurde erläutert, daß ungesättigte Kohlenwasserstoffe im Heizöl bei der Lagerung zur Zusammenballung neigen. Die entstehenden großmolekularen Komplexe sinken auf den Tankboden.

In straight-run-Heizöl EL oder L sind keine ungesättigten Kohlenwasserstoffe enthalten — in einer Fraktion also, die ein reines Destillat aus der Topanlage darstellt. Thermisch oder katalytisch gecrackte Fraktionen enthalten dagegen ungesättigte. Heizöl EL und L stellen in den meisten Fällen eine Mischung von straight-run und Crackgasöl dar. Es gibt Additives, die dem Heizöl zugesetzt die Schlammbildner in Schwebe halten sollen. Da das Additiv für ein ganz bestimmtes Mischungsverhältnis hergestellt ist, das nur in den seltensten Fällen bei den handelsüblichen Qualitäten gegeben ist, gibt es kein universell anwendbares Mittel. Dies wird durch Laborversuche über lange Zeiträume bestätigt, die in allen Fällen eine völlige Wirkungslosigkeit des getesteten Additives ergaben.

2. Beeinträchtigung der Wirtschaftlichkeit durch Rußen. Bei kleinen Kesseln und Zimmeröfen ist eine Durchsatzbegrenzung bei Heizöl EL und L gegeben, da sonst die Flamme rußt oder die Verbrennung durch niedrigen CO_2-Gehalt eine unvollkommene Verbrennung anzeigt. Die Flammenspitzen werden durch die Kaltstrahlung der Kesselinnenwandung abgekühlt und Rußbildung tritt ein.

Besonders kraß ist dieser Effekt bei Zimmeröfen und Kesseln mit Verdampfungsbrennern mit Gebläse bei mangelndem Zug oder ungeeignetem Heizöl.

Es wurde ein Additives entwickelt, das bei 0,1% Zusatz zum Heizöl EL oder L in Verdampfungsbrennern eine 40proz. Durchsatzsteigerung gestattet. Dieses Additive ist Ferrocene. Bei Zerstäuberbrennern ermöglicht ein Zusatz von 0,075% Ferrocene eine Minderung des Luftüberschusses von normal 20% auf 5—10%.

Die Wirkungsweise dieses Additives beruht auf einer katalytischen Beeinflussung des Verbrennungsablaufes.

Wie aus dem Namen hervorgeht, ist Ferrocene eine Eisenverbindung. Es ist noch nicht geklärt, wie weit das Eisenoxyd die Bildung von SO_2 zu SO_3 begünstigt, und ob damit die Taupunktkorrosion verstärkt wird.

3. Korrosionsschäden können durch Hochtemperaturen im Kessel oder durch Taupunktkorrosion in den Nachheizflächen entstehen. Hochtemperaturkorrosionen sind in Kesselanlagen für die Gebäudebeheizung nicht zu erwarten. Derartige Korrosionen treten erst bei Dampftemperaturen über 550 °C in den Kesselüberhitzern auf, wenn dadurch die Rohraußentemperatur so hoch ist, daß über das Vanadium in der Ölflamme die Rohroberfläche von ihrer Schutzhaut befreit wird und Sauerstoff in das Eisen eintreten kann. Vanadium ist in Heizöl EL und L nicht vorhanden, wohl aber bei Heizöl S und damit auch M. Bei Heizöl S aus Mittelost-Rohöl beträgt der Vanadium-Pentoxyd-Gehalt rund 30% der Ölasche. Die Ölasche beträgt 25—35 Tausendstel Prozent des Ölgewichtes.

Ein wirksames Additiv ist hier Dolomit. Es wird dem Heizöl S in Pulverform zugesetzt. Der Zusatz besteht aus 75% Dolomit und 25% Magnesiumoxyd. Die Zusatzmenge beträgt 0,2—0,3% bezogen auf das Ölgewicht. Das Pulver hat eine Feinheit von 30—40 μ. Der Zusatz erhöht die Brennstoffkosten um 0,1%. Die Wirkung zeigt sich durch weniger und trockneren Rückstand auf den Rohren. Der Nachteil dieses Pulvers liegt darin, daß die Düsen ausgeschliffen werden.

Ähnliche Erfahrungen macht man mit Zinkstaub. Als besser haben sich Zink oder Zinnzusatz flüssiger Form erwiesen, durch Überführung in Zink bzw. Zinnaphtanat. Hiervon müssen ca. 0,5% zugesetzt werden.

Wie gesagt sind diese Probleme nur interessant bei Hochleistungskesseln und Gasturbinen.

Taupunktkorrosionen werden am sichersten durch Einhalten einer individuell zu bestimmenden Mindesttemperatur des Kessels vermieden. Aus der Vielzahl der Additives hat sich bis jetzt nur eins wirklich bewährt: „Ammonium", das zwischen Brennkammer und Economiser in Gasform den Abgasen zugesetzt wird. Die Zusatzmenge beträgt 0,01—0,02%. Die Wirkung dieses Additives gestattet es, mit der Abgastemperatur weiter herunter zu gehen und damit wirtschaftlicher zu fahren.

Es bildet sich Ammonsulfat, das von Zeit zu Zeit von den Heizflächen abgewaschen werden kann.

Erwähnung finden soll noch ein anderes Verfahren, das immer mehr zur Anwendung kommt und außer einer Minderung der Korrosion noch andere Vorteile mit sich bringt. Es handelt sich hier um die Rauchgasrückführung. Etwa 10% der Rauchgase werden hinter dem Kessel in einer Zone abgezapft, wo sie eine Temperatur von ca. 300 bis 400 °C haben und in einer Ringdüse um den Ölbrenner herum vorn in die Brennkammer eingeblasen. Die Rauchgase können so gelenkt werden, daß sie sich um die Flamme herum legen und bei engen Brennkammern durch Strahlenabsorption die Ausmauerung seitlich schützen. Weiter bewirken die Rauchgase eine Vermehrung des Verbrennungsgasvolumens, wodurch höhere Rauchgasgeschwindigkeiten eintreten. Die Flammentemperatur wird durch die Zusatzgase zwar etwas gesenkt und damit die Strahlung der Flamme gemindert. Der Erfolg dieser Maßnahme zeigt sich aber an der Überhitzertemperatur, die durch die höhere konvektive Wärmeübertragung steigt, während sie bei einer reinen Ölfeuerung im allgemeinen abfällt, wenn keine Rauchgase rückgeführt werden. Schließlich wirken die feinen Ascheteile der Rauchgase als Additiv in den Verbrennungsgasen, die Schwefelverbindungen binden, und damit die Korrosion vermindern.

Es muß betont werden, daß derartige Probleme bei Warmwasserkesseln und Niederdruckdampfkesseln für die Gebäudebeheizung nicht zu erwarten sind, da die eingesetzten Heizöle EL, L und M wenig Schwefel enthalten, und weil die Abgastemperaturen im allgemeinen über 200 °C liegen.

Wichtig ist der Hinweis, daß bei der Ausmauerung der Kessel zu beachten ist, daß keine Unterkühlungsstellen entstehen, sei es bei der Abkleidung der Kesselwandungen oder an den Kesselfüßen bei Kesseltypen, die unten offen auf einer gemauerten Konsole stehen, die gleichzeitig Brennermulde ist. Der Unterteil des Kessels ist besonders gefährdet, weil hier das kalte Rücklaufwasser eingespeist wird.

Die Steine müssen so gesetzt werden, daß entweder jeglicher Verbrennungsgaszutritt verschlossen ist, oder sie müssen von der Wandung abgerückt aufgemauert werden, mit Löchern an der Unterkante, so daß die Gase frei durchziehen können.

Kesseldichtigkeit. Sie sollte immer wieder geprüft werden (Kerzenflamme). Gerade bei schlecht bedienten Gußkesseln können erhebliche Undichtigkeiten auftreten. Falschluft wird angesaugt, die die Verbrennung stört, die Verbrennungstemperatur wird herabgesetzt und ein totes Gasvolumen wird unnötig erwärmt, fühlbare Wärme geht verloren.

Prüfung und Reinigung des Kessels sollten mehrmals, periodisch vor, nach und während der Heizsaison durchgeführt werden. Während der Heizruhe können feuchte, schweflige Rückstände an den Kesselwandungen zu rauchgasseitigen Korrosionen führen. Reinigung, luftdichter Abschluß und eine Lade mit Kalk zum Trockenhalten sollten während des Sommers beachtet werden.

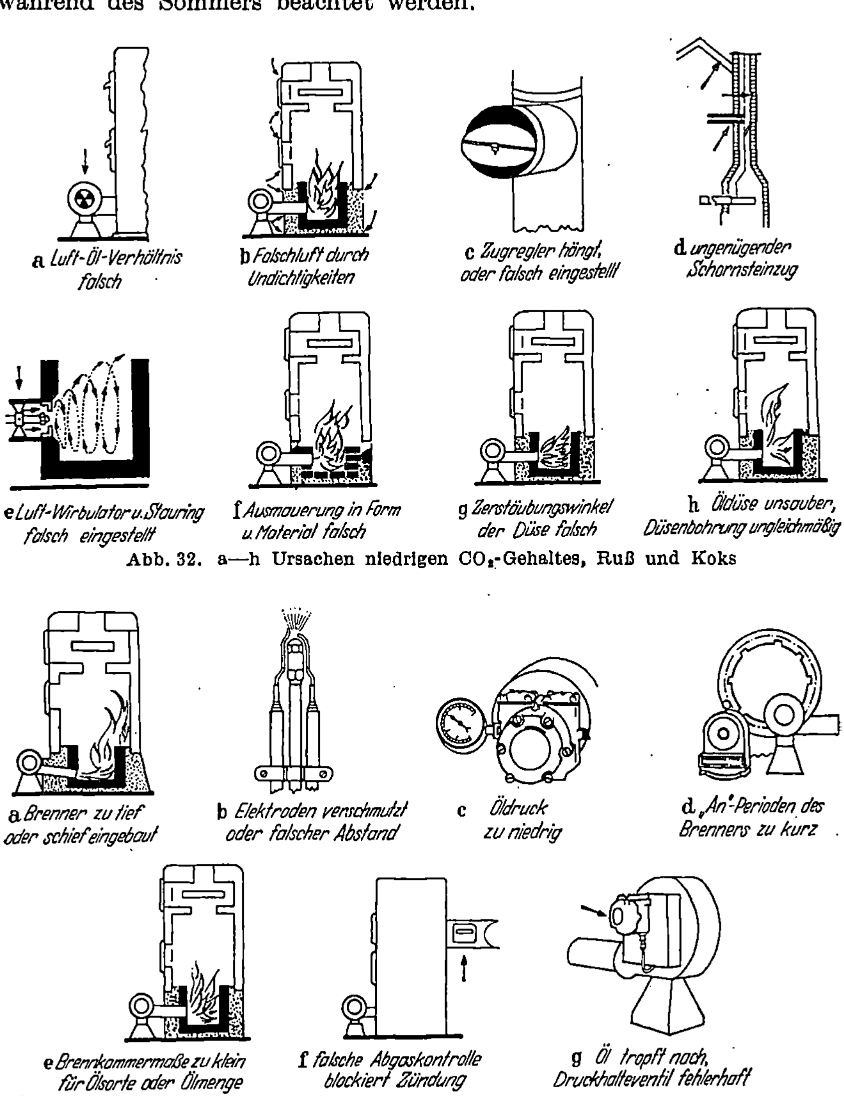

Abb. 32. a—h Ursachen niedrigen CO_2-Gehaltes, Ruß und Koks

Abb. 33. a—g Ursachen niedrigen CO_2-Gehaltes, Ruß und Koks

Stauring-Verstellung. Wenn eingangs gesagt wurde, daß die Verbrennung durch Festeinstellung des Brenners und richtige Ausmauerung gegeben ist, so muß erwähnt werden, daß Veränderungen im Heizöl nicht ausgeschlossen sind. Unterschiede in den Lieferpartien des

Öles bezüglich des spezifischen Gewichtes, der Viskosität und veränderte Öltemperaturen stören das Öl—Luft-Verhältnis und den Durchsatz.

Flammenbeobachtung und Abgasmessungen auf CO_2-Gehalt lassen diesbezügliche Schlüsse zu.

Die Flamme soll rötlich weiß sein, ohne rußende Flammenspitzen. Die Abgase sollen leicht grau gefärbt sein.

Im Ausland ist es gebräuchlich, die Rauchzahl nach dem Shell-Verfahren festzustellen.

Für konstante Öltemperatur sorgt eine thermostatisch gesteuerte Heizpatrone vor dem Brenner. Man kann sich auch dadurch helfen, daß man den Kellertank aus dem kälteren Vorratstank befüllt, wenn das Niveau im Kellertank nur um $1/4$ gefallen ist. Damit wird die Öltemperatur nicht zu weiten Schwankungen unterworfen.

Gute Brenner haben einen Stauring, der am Brennerkopf verstellbar eingebaut ist. Er sorgt für die richtige Anstellung der Luft—Öl-Durchmischung an der Düse. Es kann erforderlich sein, die Stellung der Stauscheibe zu verstellen, wobei es sich empfiehlt, die Stellung der Scheibe durch einen Strich zu markieren.

· Als Abschluß dieses Abschnittes sollen 15 Abbildungen die Hauptfehler aufzeigen, die immer wieder vorkommen und die bei Beachtung des vorher Gesagten ohne Schwierigkeiten hätten vermieden werden können.

V. Wirtschaftlichkeit gegenüber anderen Brennstoffen

In vielen Fällen ist dieses Problem die Grundfrage des Interessenten, der vor der Entscheidung steht, welchen Brennstoff er wählen soll. Nicht selten wird es vorkommen, daß die Antwort subjektiv gefärbt ist, je nachdem welcher Interessengruppe der Berater angehört.

Der einfachste Weg für die Beurteilung verschiedener Brennstoffe ist es, gleiche Gewichtsmengen zu nehmen und die Heizwerte zu vergleichen bzw. gleiche Anzahl von Wärmeeinheiten der verschiedenen Brennstoffe mit ihren Kosten gegeneinander abzustimmen.

Eine solche Methode kann deshalb kein endgültiges Werturteil sein, weil die Brennstoffe eine verschiedene Verbrennungscharakteristik haben. Der Verbraucher wird nicht vergleichen, wieviel Kilokalorien er mit seinem Brennstoffvorrat im Keller oder Tank gelagert hat, sondern wieviel dieser Energie ihm als Wärme zu Nutzen ist.

Es soll in diesem Abschnitt auf Grund von Erfahrungswerten und allgemein gültigen Berechnungsmethoden aufgezeigt werden, mit welchen tatsächlichen Kosten bei festen und flüssigen Brennstoffen zu rechnen ist.

a) Heizwertverhältnis

Der Kostenvergleich für eine Million Wärmeeinheiten gibt keinen eindeutigen Aufschluß für die Wirtschaftlichkeit:

$$\text{Preis pro Mill. kcal} = \frac{1 \text{ Million} \times \text{ Preis pro kg}}{\text{Unterer Heizwert von 1 kg}} \text{ DM}$$

1 Mill. kcal	Stadtgas	(4000 kcal/Nm³	DM —,12 p. Nm³)	= DM 30,—
1 „	„ Heizöl EL	(10 200 „ /kg	DM 210,—/t)	= DM 20,60
1 „	„ Heizöl M	(9 800 „ /kg	DM 160,—/t)	= DM 16,20
1 „	„ Koks	(6 800 „ /kg	DM 100,—/t)	= DM 14,70

(Bei Heizöl „M" wurde ein Durchschnittspreis von DM 160,—/t eingesetzt entsprechend dem Ölpreis einschließlich Vorwärmkosten bei elektrischer Beheizung.)

Von ausschlaggebender Bedeutung ist der Nutzeffekt, der aus der Brennstoffeinheit in Wärmeeinheiten an das Heizmedium abgegeben wird. Dieser Nutzeffekt wird hauptsächlich durch den Kesselwirkungsgrad und den Einfluß der Feuerungs- und Anlageregelung bestimmt. Da dieser Nutzeffekt bei einer Feuerung mit jeder Belastungsschwankung sehr unterschiedliche Wirkungsgrade erbringt (von 83 — 30%), muß man über die ganze Heizsaison mit dem Betriebswirkungsgrad rechnen. Er beträgt bei Heizöl:

halbautomatisch gefeuerte Ölkessel von   10 000— 30 000 kcal/h = 65%
vollautomatische gef. mittlere Ölkessel von 40 000—200 000 kcal/h = 70%
Großkessel, vollaut. gefeuert über   200 000 kcal/h   = 75%.

Für Koks betragen die Vergleichswerte für den Betriebswirkungsgrad:

bei kleinen Kokskesseln von   10 000— 60 000 kcal/h (Handbed.) 55%
bei mittleren Kokskesseln von 80 000—200 000 kcal/h (halbaut.) 60%
bei großen, halbaut. Kokskesseln über 200 000 kcal/h   70%.

Unter Berücksichtigung dieser Werte, die aus einer Vielzahl von Kesseln durch jahrelange Messungen gemittelt wurden, stellten sich die Vergleichspreise:

1 Mill. kcal Heizöl EL ($\eta = 70\%$) . . . . DM 29,30
1 Mill. kcal Heizöl M ($\eta = 70\%$) . . . . DM 23,—
1 Mill. kcal Koks — Kleinanlage — ($\eta = 55\%$) . . . . . . DM 26,70
1 Mill. kcal Koks — mittl. Anlage — ($\eta = 60\%$) . . . . . . DM 24,50
1 Mill. kcal Koks — Großanlage — ($\eta = 70\%$) . . . . . . DM 21,10

Hierzu kommen die unmeßbaren Vorteile Heizöl gegenüber Koks, die — je nach den Betriebsverhältnissen — mehr oder weniger stark in Erscheinung treten, wie:

gleichmäßige Qualität   geringe Verunreinigung
keine Lager- und Grußverluste   Bequemlichkeit und Sauberkeit
kein Unverbranntes in der Asche   gute Regelfähigkeit
Ersparung an Personalkosten bzw.   geringe Betriebsstundenzahl.
     Lohnstunden

Rechnet man diese Vorteile überschlägig eher zu hoch als zu niedrig mit 10%, so erhält man folgende Zahlen:

$$
\begin{array}{ll}
\text{1 Mill. kcal Heizöl EL} & \text{DM 29,30} \\
\text{1 Mill. kcal Heizöl M} & \text{DM 23,—} \\
\text{1 Mill. kcal Koks, Kleinanlagen} & \text{DM 29,30} \\
\text{1 Mill. kcal Koks, mittlere Anlagen} & \text{DM 26,95} \\
\text{1 Mill. kcal Koks, Großanlagen} & \text{DM 23,40}
\end{array}
$$

Ein Vergleich dieser Zahlen zeigt, daß Heizöl EL für Kleinanlagen im Preis gleich ist. Mittlere Anlagen und Großanlagen sind nur mit Heizöl M wirtschaftlicher.

Gas hat zwar eine Reihe von Vorteilen gegenüber festen und flüssigen Brennstoffen, wie Regelfähigkeit, keine Tankanlage, preisgünstige Installation, Bezahlung des Brennstoffes erst nach Verbrauch, scheidet aber wegen des Preises allgemein aus. Der Kesselwirkungsgrad eines Kokskessels, der auf Gas umgestellt wird, ist durch die nicht leuchtende Gasflamme ungünstig. Gasheizung setzt einen Spezialkessel voraus.

Eine exaktere Übersicht der Kosten für die genannten Brennstoffarten soll die tabularische Zusammenstellung (Tab. 5) geben, die für verschiedene Kesselleistungen die Brennstoffmengen und Preise pro Heizsaison aufzeigt. Es sind in dieser Aufstellung weder die unmeßbaren Vorteile (außer Betriebsstundenzahl) noch die Kapitalkosten erfaßt. Es kann aber festgestellt werden, daß die Kapitalkosten für eine automatische Ölbefeuerung und eine automatische Koksbefeuerung an mittleren und Großanlagen etwa gleich sind. Bei Kleinanlagen wird man Koks nur selten automatisch regeln, bestenfalls wird die Zuluft über eine Gebläse geregelt.

b) Errechnung des Brennstoffbedarfes pro Heizsaison

Die Errechnung des Brennstoffbedarfes erfolgt nach der Formel:

$$
B = \frac{Q_h \cdot G_t \cdot z}{H_u \cdot (t_i - t_a) \cdot \eta_{km} \cdot 1000} \text{ in t/Heizsaison.}
$$

Hierin ist:

$$
\begin{array}{rl}
B = & \text{Brennstoffmenge in Tonnen} \\
Q_h = & \text{Kesselleistung in kcal/h} \\
G_t = & \text{Gradtagzahl in Grad Celsius Tagen} \\
z = & \text{mittlere Betriebsstundenzahl in h} \\
t_i = & \text{geforderte Raumtemperatur in °C} \\
t_a = & \text{äußerste Außentemperatur in °C} \\
H_u = & \text{unterer Heizwert in kcal/kg} \\
\eta_{km} = & \text{Betriebswirkungsgrad in %.}
\end{array}
$$

Von diesen Daten sind Q_h = Kesselleistung oder Wärmebedarf des Gebäudes und Heizwert des Brennstoffes gegeben.

6*

Wärmebedarf. Der Wärmebedarf des Gebäudes hängt ab von dessen Lage, Größe, Bauweise, Fensterfläche, Zahl der zu beheizenden Räume und von den auftretenden Wärmeverlusten.

Für die Berechnung des Wärmebedarfes eines *einzelnen Raumes* wurde mit DIN-Blatt 4701 ein Punktesystem ausgearbeitet, an Hand dessen errechnet wird, ob der zu heizende Raum günstig, weniger günstig oder ungünstig gebaut ist. Nach dieser Bauweise richtet sich dann der Wärmebedarf des zu heizenden Raumes. Es ergeben

1—4 Punkte (= günstige Bauweise) einen Wärmebedarf von 55 kcal/m³h

5—9 Punkte (= weniger günstige Bauweise) einen Wärmebedarf von

75 kcal/m³h

über 9 Punkte (= ungünstige Bauweise) einen Wärmebedarf von 100 kcal/m³h.

Die Punktzahl wird folgendermaßen bestimmt:

A. je ein Punkt ist anzunehmen für
   a) Nordlage (NO, N, NW);
   b) Raum mit einer Außenwand und weniger als 4 unbeheizten Raumflächen (Wände, Decken, Fußboden);
   c) freistehendes Haus;
   d) Orte über 600 m Meereshöhe und besonders kalte Orte.

B. je zwei Punkte sind anzunehmen für
   a) starker Windanfall und Orte nördlich der Linie Osnabrück, Celle, Wittenberge, Schneidemühl;
   b) Dachgeschoßräume;
   c) Räume neben oder über offenen Durchfahrten;
   d) Räume mit geringerer Außenwanddicke als 38 cm (= $1^1/_2$ Stein) und ohne beiderseitigen Verputz;
   e) Räume mit 2 oder mehr Außenwänden;
   f) Räume mit 4 oder mehr unbeheizten Innenflächen (Innenwände, Decke, Fußboden);
   g) Räume mit starkem Durchgangsverkehr (Ladenräume und dergleichen);
   h) Räume, für die auch bei starker Kälte eine Raumtemperatur von mehr als 20 °C erforderlich ist;
   i) Barackenräume ohne Unterkellerung und ohne Dachgeschoß.

Hat man auf Grund dieser Aufstellung die Punktzahl (und damit den von der Bauweise abhängigen Wärmebedarf pro Kubikmeter des zu heizenden Raumes) ermittelt, so ergibt die Multiplikation des Wärmebedarfs pro Kubikmeter mit der Kubikmeterzahl des zu heizenden Raumes den *Gesamtwärmebedarf* bzw. die notwendige Ofenleistung.

Für Gebäude ist die Berechnung wesentlich komplizierter, da eine Reihe von Räumen unbeheizt bzw. halbgeheizt bleibt, wie Korridore, Toiletten und Kammern.

Der durchschnittliche Wärmebedarf eines Gebäudes pro m³ umbauter Raum bewegt sich zwischen 25 und 60 kcal/m³ h.

kcal/h und m³ umbauter Raum

Werkstatt für grobe Arbeiten . . .	25—35
Werkstatt für feine Arbeiten. . . .	30—40
Wohnblock.	35—45
Einzelhaus	40—60

Bei bestehenden Anlagen kann die Wärmeleistung des Kessels aus der Heizflächenbelastung bestimmt werden.

Für gußeiserne Kessel gelten etwa folgende Heizflächenbelastungen in kg Öl pro m² und Stunde:

	Warmwasser	Dampf
Kessel bis 5 m² Heizfläche	1,2	1,1
Kessel über 5 m² Heizfläche	1,0	0,88

Bei Neubauten ist der Kessel nach DIN 4702 zu wählen. Es wird empfohlen, bei der Wärmeleistung der Kessel sich nach obiger Tabelle zu richten. Werden die angegebenen Werte überschritten, so sinkt der Wirkungsgrad des Kessels.

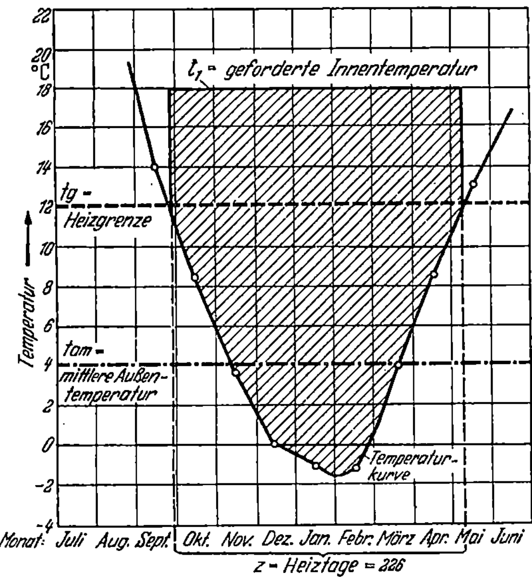

Abb. 34. Bestimmung einer Gradtagzahl

Für einzelne Kesseltypen können die Heizflächenbelastungen überschritten werden.

Bei Umstellung bestehender Anlagen ist in den meisten Fällen die Kesselheizfläche oder die Kesselleistung aus den vorhandenen Unterlagen bekannt.

Ist keiner der beiden Werte zu erfahren, so kann man bei Gußkesseln genügend genau feststellen, daß die Heizfläche gleich Länge mal Breite mal Höhe mal 8,5—9,5 beträgt. Bei oben runden Kesseln ist die größte Höhe zugrunde zu legen.

Gradtagzahl. Unter G_t = Gradtagzahl versteht man das Produkt aus Anzahl Heiztage mal Temperaturdifferenz innen und außen. Die Gradtagzahl 3000 für einen Ort kann besagen, daß an 300 Tagen eine Temperaturdifferenz von 10 °C erheizt wurde.

Für jeden Ort und jede Heizsaison ist die Gradtagzahl verschieden. Sie wird durch tägliche Temperaturmessungen ermittelt. Die mittleren Monatstemperaturen werden in einem Diagramm aufgetragen. Man erhält damit die Temperaturkurve der Heizsaison.

$$t_1 = \text{durchschnittl. Innentemperatur} = \frac{\overset{h\ \ °C}{(14 \cdot 20)} + \overset{h\ \ C°}{(10 \cdot 15)}}{\underset{h}{24}} = \underline{18\ °C}$$

$$\text{Gradtagzahl } G_t = 226 \cdot (18 - 4) = \underline{3200}$$

$$\text{tam} = \frac{\Sigma\ (\text{Tag} \cdot \text{Mittl. Temp.})}{\text{Heiztage}} = \frac{(3 \cdot 14) + (31 \cdot 8,5) + (30 \cdot 3,5) + (31 \cdot 0) \ldots}{226}$$

$$\text{tam} = \frac{895}{226} = \underline{4}$$

Wird im Diagramm festgelegt, bei welcher Temperatur mit dem Heizen begonnen werden soll, so ergibt diese Gerade in ihren Schnittpunkten mit der Temperaturkurve die Zahl der Heiztage. Die schraffierte Fläche zwischen der Temperaturkurve, seitlich begrenzt durch die Heiztagspanne und nach oben durch die Linie der geforderten Innentemperatur, ergibt die Heizgradtage.

Die Gradtagzahl beträgt im Mittel über 50 Jahre für

Berlin 3413	Würzburg 3340	Aachen 3070
Frankfurt 3148	Kiel. 3660	Trier 3150
Stuttgart 3050	Hamburg 3350	Freiburg 2918
Hof 4369	Essen 3050	Garmisch 3963
Regensburg . . . 3718	Köln 3010	Kassel. 3450

oder aus 26 Orten über 50 Jahre gemittelt 3300, wobei die mittlere Temperaturdifferenz für diese Orte 14 °C betrug. Die durchschnittliche Heiztagzahl ermittelt sich daraus zu

$$\frac{3300}{14} = \underline{236\ \text{Heiztage.}}$$

Mittlere Betriebsstundenzahl. Die mittlere Betriebsstundenzahl z gibt die Anzahl Stunden an, während der die Heizung voll in Betrieb ist. Der Brennstoffverbrauch ist direkt proportional der Anzahl der Stunden, während der die Heizung voll läuft.

Wenn also z. B. statt 24 nur 12 Stunden pro Tag voll geheizt wird, so reguliert sich der Verbrauch theoretisch auf die Hälfte. Bei der Koksfeuerung entspricht dies nicht der Wirklichkeit, weil beim Anfeuern zur Erwärmung der Luftsäule im Schornstein zusätzlich Brennstoff verbraucht wird und das Unterbrechen der Feuerung Ablöschverluste mit sich bringt.

Es ist selten nötig, den Heizbetrieb während des ganzen Tages oder der ganzen Nacht auf Volleistung zu halten.

Die mittlere Betriebsstundenzahl für verschiedene Heizobjekte wurde auf Grund sorgfältiger Untersuchungen wie folgt festgestellt:

Heizobjekt	*mittl. Betriebsstundenzahl*
Siedlung mit Fernheizung. . .	16
Krankenanstalten, Bürogebäude	15
Mehrfamilienhäuser, Schulen,	
Mietshäuser	14
Einfamilienhäuser	13
Etagenheizungen	11
Arbeits- und Fabrikräume . .	10—15
Lagerräume	10

In der Tab. 5 wurde das Heizobjekt aus der Größe der Kesselleistung geschlossen. Die Betriebsstundenzahl wurde aus obiger Zusammenstellung entnommen. Diese Zahlen beziehen sich auf Koksheizungen. Die Betriebsstunden setzen sich aus

   normaler Betriebszeit
   Leerlaufzeit
   Anheizzeit

zusammen. Bei Heizöl entfällt die Leerlaufzeit. Die Anheizzeit beträgt bei Koks im Schnitt 2 Stunden, bei Öl höchstens 1 Stunde. Die mittlere Betriebsstundenzahl für Heizöl wurde deshalb um 2 Stunden niedriger eingesetzt als bei Koks.

Die Temperaturdifferenz $t_i - t_a$ stellt die Spanne dar zwischen geforderter Innentemperatur und tiefster Außentemperatur. Sie wurde im Beispiel mit $t_i = 18\ °C$, $t_a = -15\ °C$ eingesetzt, damit wird

$$t_i - t_a = 18 - (-15) = \underline{33\ °C}.$$

Wird der Kesselbetrieb nicht vom Raumthermostaten sondern von einem Kesselwasservorlauf Thermostaten aus gesteuert, so ergeben sich aus wirtschaftlichen Gründen folgende Kesselwassertemperaturen in Abhängigkeit von der jeweiligen Außentemperatur, die am Thermostaten einzustellen sind:

Außentemperatur	+ 10	+ 5	0	− 5	− 10	− 15 °C
Kesselwassertemperatur	+ 50	+ 58	+ 65	+ 75	+ 83	+ 90 °C

Bei starkem Wind ändern sich diese Werte etwas. Die Kesselvorlauftemperatur darf 90 °C nicht überschreiten.

Brennstoffersparnis. Aus dem Schaubild Brennstoffersparnis bei Verminderung der Raumtemperatur wird deutlich, welche Ersparnisse möglich sind, wenn die Innenraumtemperatur um 1 °C herabgesetzt wird.

In dem Beispiel von 26 Orten beträgt die mittlere Heizspanne 14 °C, also eine Durchschnittsaußentemperatur von $+$ 4 °C. Wird statt auf 18 °C auf 17 °C Innentemperatur geheizt, beträgt die Ersparnis 7%.

Ein auch nur kurzzeitiges Überheizen beeinflußt den Brennstoffverbrauch entsprechend ungünstig, ein Punkt, der besonders zugunsten des Heizöles ausfällt, da dieses thermostatisch gesteuert eine konstante Raumtemperatur ermöglicht.

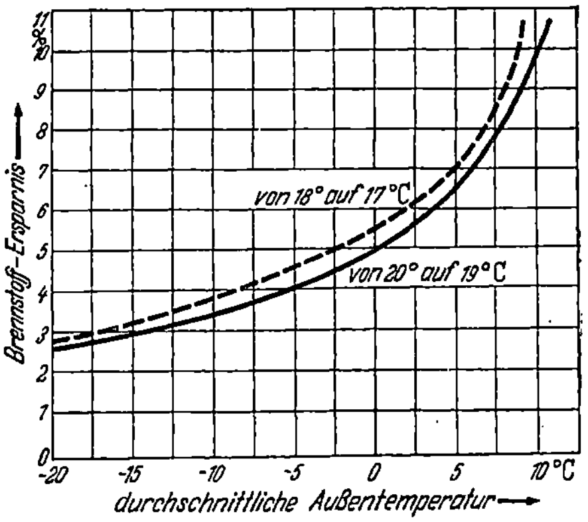

von 18° auf 17°C

von 20° auf 19°C

Brennstoff-Ersparnis

durchschnittliche Außentemperatur

Abb. 35. Brennstoff-Ersparnis bei Verminderung der Raumtemperatur

Unterer Heizwert. Grundsätzlich ist nur mit dem unteren Heizwert zu rechnen.

Wie eingangs aus der Aufstellung ersichtlich, beträgt er für Heizöl EL und L 10200 kcal/kg mit einer Toleranz von $\pm$ 1%. Bei Heizöl M 9800 kcal/kg $\pm$ 1%, bei Heizöl S 9600 kcal/kg $\pm$ 2%.

Bei Koks ist ein Unterschied zwischen Gaskoks und Zechenkoks zu machen, ferner ist der Anlieferungszustand zu berücksichtigen. Großverbraucher, die den Koks direkt ab Werk erhalten, können mit Normalgewicht und höchstem Heizwert rechnen. Bei Bezug ab Kleinhandelslager kann sich der Feuchtigkeitsgehalt auf Gewicht und Heizwert nachteilig auswirken, wenn z. B. bei Regenwetter geliefert wird. Der untere Heizwert für Koks liegt zwischen 6400 und 6800 kcal/kg. In der Tabelle wurde mit dem besten Wert gerechnet.

Die Ausfuhrverluste sind bei Heizöl gleich Null, da nur die zollamtlich verwogene Menge in Rechnung gestellt wird. Bei Koks und Kohle betragen sie 0,5—4% je nach Bezugsart und Witterungsverhältnissen.

Die Lagerverluste sind bei 4% Verlust für Kohle und Koks miterfaßt. Bei Heizöl EL sind sie Null. Für L, M und S muß man durch Schlammabsatz und gelegentliches Reinigen der Tanks mit 0,5% Lagerverlust rechnen. Für Teeröl betragen die Lagerverluste ebenfalls 0,2% unter der Voraussetzung sachgemäß eingebauter Vorratsbehälter mit Bodenheizschlange.

Mittlerer Kesselwirkungsgrad. Dieser wurde eingangs dieses Kapitels erläutert. Der Hauptnachteil der Koksfeuerung liegt in dem Mangel, die Belastung weit herunterregeln zu können.

In dem folgenden Diagramm sind nochmals die Möglichkeiten verdeutlicht, die in einer Senkung der Innentemperatur von z. B. 20 auf 18 °C liegen und in einer Verkürzung der Heiztage durch Heizbeginn bei 10 °C statt 12 °C Außentemperatur.

Unter der Rubrik 1. in der Tab. 5 ist die Wahl der richtigen Ölsorte eingetragen; unter 10. die in Frage kommende Brennertype.

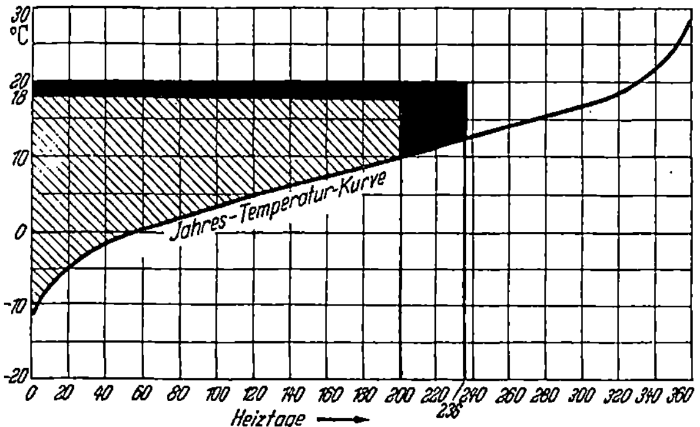

Abb. 36. Brennstoff-Einsparmöglichkeiten

Die in der Tab. 5 ermittelten Minderkosten sind auf Koks- und Heizölpreis bezogen, die durchschnittlich zu erwarten sind. Für einen genauen Vergleich müssen die tatsächlichen Preise herangezogen werden. Die Tabelle gibt in ihren Werten nur Anhaltspunkte, da sie mit gemittelten Gradtagzahlen errechnet wurde. Vergleiche in verschiedenen Teilen des Bundesgebietes haben erwiesen, daß die Endwerte in erstaunlich guter Weise mit der Praxis übereinstimmen.

Nachteile der Ölheizung. Zu einem Nachteil für die Bequemlichkeit der voll- oder halbautomatischen Ölheizung kann der Umstand ausschlagen, daß die Inbetriebnahme mit einem einzigen Handgriff geschieht. — An manchem kühlen Tag, an dem kein Mensch die Mühe auf sich nehmen würde, die Koksheizung in Gang zu bringen, wird mit Öl geheizt, so daß die Zahl der Heiztage bei Öl höher ausfällt als unter gleichen Bedingungen bei Koks. Man kommt deshalb im allgemeinen bei dem Vergleich von Koks und Heizöl EL in kleineren und mitteren Anlagen zu gleichen Kosten ohne Ersparnisse.

Dieser Bedarf an Brennstoff ist naturgemäß kein echter Mehrverbrauch. Die Minderkosten des Heizöles gegen Koks sind in diesem Falle durch Betriebsruhe der Koksanlage unter Hinnahme unbehaglicher Kälte ausgeglichen worden.

Bisweilen wird der Vorwurf erhoben, daß handbediente Kokskessel mit vollautomatischen Ölfeuerungen modernster Bauart verglichen werden, es müßten vielmehr die Vergleiche auf vollautomatisch beheizte Kokskessel bezogen werden. Hierzu ist festzustellen, daß vollautomatische Koksheizungen nur für Großkessel in Frage kommen.

Vollautomatik an Kokskesseln ist baulich an Klein- und Mittelkesseln im allgemeinen nicht möglich, außerdem sind diese Automatiken teurer als die Einrichtungen, die mit einer vollautomatischen Ölheizung verbunden sind.

Endlich entspricht der Vergleich von handbedienten Kokskesseln mit automatischen Ölfeuerungen der Wirklichkeit.

Abschließend sei vermerkt, daß es nicht richtig ist, von der Ölseite zu propagieren, daß das Heizproblem mit einem Druck auf den Knopf im Herbst und Frühjahr erledigt ist. Es dürfte aus den vorstehenden Betrachtungen klar geworden sein, daß auch die Heizölfeuerung mit Sorgfalt und Bedacht gefahren werden muß. Wenn diese Mühe auch keine manuellen Leistungen erfordert, so darf formuliert werden, daß das Heizproblem mit Öl — außer einem Druck auf den Knopf — einer Drehung des Knopfes bedarf, um nicht nur zu heizen, sondern auch wirtschaftlich zu heizen.

Benutzungsanweisung für Tab. 5

Als Hinweis zum Ablesen in Tab. 5 seien zwei Beispiele gegeben.

Bekannt ist die Kesselheizfläche oder die Kesselleistung.

Beispiel 1: Gegeben sei 1,6 m² Heizfläche. Das entspricht einer Kesselleistung von ca. 20 000 kcal/h (Spalte 2). Das Heizobjekt dürfte ein Einfamilienhaus von ca. 600 m³ umbauten Raumes sein (Spalte 4). Der max. Brennstoffverbrauch (Spalte 5) beträgt bei Koks 3,7 kg/h, bei Heizöl EL 2,4 kg/h bzw. 2,8 Liter/h. Gemäß Spalte 1 (Ölsorte) kommt, dem Pfeil nach oben folgend, als Heizölsorte nur EL in Frage.

Der Koksbedarf pro Heizsaison (Spalte 6 d) beträgt 6,5 t. Bei einem Kokspreis von DM 100,— pro t frei Haus, ermitteln sich die Brennstoffkosten pro Heizsaison zu DM 650.— (Spalte 6 e.)

Der Heizöl EL-Verbrauch beträgt (Spalte 7 d) 3,3 t pro Heizsaison. Bei einem EL-Preis von DM 210,— pro t entsprechend DM 180,— pro m³ frei Haus, betragen die Brennstoffkosten DM 690,— pro Saison, also ein Mehrpreis gegenüber Koks von DM 40,— pro Saison. (Bei einem Heizöl EL-Preis von DM 197,— pro t bzw. DM 168,— pro m³ sind Koks und Öl im Preis gleich).

Gemäß Spalte 10 (Brennertype) kommt für diese Heizleistung nur ein Verdampfungsbrenner mit Gebläse in Frage.

Heizöl M für diese Leistungen zu verwenden, ist aus technischen Gründen nicht möglich.

Beispiel 2: Gegeben sei ein Kessel mit einer Leistung von 100 000 kcal/h. Als Ölsorte (Spalte 1) kommt Heizöl EL oder M in Frage. Die Leistung entspricht einer Kesselheizfläche von 13 m² (Spalte 3). Der Wärmebedarf entspricht einem Miethaus oder Bürogebäude (Spalte 4). Der max. Brennstoffverbrauch pro Stunde (Spalte 5) ist bei Koks 18,5 kg/h, bei Heizöl EL 12 kg/h bzw. 14 Liter/h, bei Heizöl M 12,8 kg/h bzw. 14 Liter/h. Diese Werte sind nur interessant für die Größe der Brennkammer bei Koks bzw. für den max. Durchsatz pro Stunde für Heizöl.

Der Brennstoffbedarf pro Saison ist bei Koks (Spalte 6 d) 34 t. Bei Heizöl EL 16,8 t, bei Heizöl M 17,4 t. Die Brennstoffkosten bei einem Kokspreis von DM 100,— frei Haus

Additional material from *Die Gebäudebeheizung mit Heizöl,*
ISBN 978-3-642-52752-4, is available at http://extras.springer.com

betragen DM 3400,—. Bei Heizöl EL und einem Preis von DM 210,— pro t DM 3500,—, bei Heizöl M mit einem Preis von DM 160,— pro t frei Haus einschl. elektrischer Vorwärmung DM 2780,— entsprechend einem Mehrpreis bei Heizöl EL gegenüber Koks von DM 100,— und bei Verwendung von Heizöl M eine Ersparnis pro Heizsaison von DM 620,—. Als Brennersystem (Spalte 10) scheiden für diese Leistung Verdampfungsbrenner ohne oder mit Gebläse aus. In Betracht kommen Emulsionsbrenner, Druckzerstäuber oder Injektionszerstäuber.

Bereits erwähnt wurde, daß in der Tabelle Kapitaldienst und Amortisation der Anlage nicht berücksichtigt wurden, die zuungunsten der vollautomatischen Ölheizung ausschlagen; sie werden aber mehr als wettgemacht durch die Einsparung von Heizerkosten.

Bei einer durchschnittlichen Heizdauer von 7 Monaten ergeben sich für Bedienung, Reinigung und Wartung von Anlagen folgende Kosten nach Tab. 6.

Tabelle 6

Nebenkosten Koks oder Kohle (ohne Amortisation und Kapitaldienst!)

Objekt	Heizer	Kosten pro Saison DM	Kunden- dienst DM	Strom- kosten DM	Anfeuer- material DM	Schlak- ken- abfuhr DM	Gesamt DM
1. Wohnhaus 50000 kcal/h	neben- berufl.	280,—	20,—	5.—	10,—	20,—	335,—
2. Mehrfamilien- haus 125000 kcal/h	neben- berufl.	500,—	30,—	5,—	30,—	40,—	605,—
3. Bürohaus 300000 kcal/h	neben- berufl.	1100,—	40,—	10,—	35,—	100,—	1285,—
4. Schule 300000 kcal/h	neben- berufl.	1100,—	40,—	10,—	35,—	100,—	1285,—
5. Bürogebäude 500000 kcal/h	neben- berufl.	1600,—	40,—	10,—	35,—	170,—	1855,—
6. Bürohaus 900000 kcal/h	haupt- berufl.	3000,—	60,—	40,—	40,—	300,—	3440,—

Demgegenüber entstehen bei einer Heizölfeuerung folgende Nebenkosten:

Servicekosten. Ein Jahr lang nach Lieferung des Brenners ist alle Wartung im Rahmen der Garantie frei. Ab zweitem Lieferjahr betragen die Servicekosten DM 100,— bis 130,— pro Jahr. Diese Kosten schließen eine Grundüberholung der Anlage einschließlich Kesselreinigung ein. Ferner vier bis sechs Kontrollen während der Heizsaison, wobei — falls erforderlich — der Kessel mit gereinigt wird. Kesselreinigungen außerhalb des Service werden mit DM 5,— bis DM 10,— berechnet. Nicht im Service enthalten ist ein Ersatzteildienst, der im Abonnement pro Jahr DM 35,— bis 45,— beträgt und alle Ersatzteilkosten einschließt.

Bei mehreren Brennern reduziert sich der Servicepreis bei jedem weiteren Brenner an derselben Anlage um 10—20%.

Stromkosten. Sie sind von der Größe des Brenners und dem Brennersystem abhängig. Bei Heizöl EL und L wird Strom für die Zerstäubungsmaschine verbraucht. Bei Zimmeröfen mit Verdampfungsbrennern mit natürlichem Zug ist der Stromverbrauch gleich Null, es sei denn, der Topf wird beim Anzünden durch einen elektrischen Heizwiderstand auf Zündtemperatur gebracht und daß man diesen Heizwiderstand bei ungeeignetem Heizöl, das ein zu hohes Siedeende hat (über der max. Temperatur von 360 °C im Topf), auf kleiner Stufe mitlaufen läßt, um bituminöse Rückstände zu vermeiden. Der Zündstromverbrauch kann vernachlässigt werden, das Mitlaufenlassen der elektrischen Heizung ist anormal und kann nicht kalkuliert werden.

Bei Verdampfungsbrennern mit Gebläse wird Strom für den Gebläsemotor verbraucht (ca. 40 Watt). Die Stromkosten belaufen sich im Monat je nach Tarif auf etwa DM 3,—.

Bei Heizöl M im Luftemulsionsbrenner ist der Strom nur Antriebsenergie des Brenners; bei sonstigen Brennersystemen für M wie Druckzerstäuber, Druckluftzerstäubern muß das Heizöl unmittelbar vor dem Brenner auf zerstäubungsfähige Viskosität von 2—3 °Engler vorgewärmt werden, entsprechend einer Temperatur von 60—80 °C. Diese Vorwärmung wird fast ausschließlich durch einen elektrischen Wärmeaustauscher erbracht. Der Strombedarf ist abhängig vom Durchsatz, von der Installation und Isolation.

Theoretisch beträgt die Aufwärmeenergie für Heizöl S, das zum Pumpen auf 50 °C, zum Zerstäuben auf ca. 100 °C vorgewärmt werden muß, 0,5% des eigenen Heizwertes. Für Heizöl M ist der theoretische Betrag ca. 0,3%. Bei schlechter Installation und gedankenloser Fahrweise kann dieser Wert um 200—300% überschritten werden. Es ist somit schwierig, Zahlen festlegen zu wollen, wie hoch sich die Stromkosten bei M und S belaufen werden.

Für Heizöl EL und L betragen die Betriebsstromkosten je nach Größe der Anlage DM 40,— bis DM 110,— pro Heizperiode.

Personalkosten. Diese entstehen bei einer vollautomatischen Anlage nicht, da jegliche Bedienung und Wartung von der Automatik bzw. vom Service aufgenommen wird. Bei Hochdruckanlagen (über 0,5 atü) muß allerdings ein Heizer vorhanden sein, der aber nebenbei noch eine andere Tätigkeit versehen kann, so daß die Lohnkosten geteilt werden können.

Abschließend zum Thema „Wirtschaftlichkeit" sollen die verschiedenen Heizsysteme betrachtet werden.

Wirtschaftlichkeit der Heizsysteme. Üblich sind die Warmwasser-Schwerkraft-, Warmwasser-Pump-, Warmluft-, Niederdruckdampf- und neuerlich die Kaltdampfheizung.

Letztere soll hier besonders Erwähnung finden, weil sie einerseits einen reaktionsschnellen Brennstoff fordert und zum anderen die Wirtschaftlichkeit von intermittierend betriebenen Heizungen in bedeutendem Maße fördert. Bei einer vollautomatischen Ölheizung schaltet der Brenner „An-Aus", gesteuert nach dem eingestellten Wert des Raum- oder Kesselwasserthermostaten.

Die Abstände zwischen den „An-Perioden" sind abhängig von der Zeit des Temperaturabfalles.

Die Zeitspanne zwischen den Brennperioden ist nach Gebäudeart, Eigenschaften des Heizmediums, Witterungsverhältnissen, Thermostatsituation im Gebäude, Einstellspiel und gemessenem Medium (Raumluft oder Kesselwasser) sehr verschieden, aber immer so, daß während einer Heizstunde mehrere Zündungen erfolgen. Bei jeder Zündung treten Anheizverluste auf. Die Flamme muß ihre Wärme erst durch das kalte Metall der Kesselwandung hindurchdrücken. In Kesselteilen, die durch Ausmauerung mit feuerfesten Steinen abgeschirmt sind, muß die Wärme erst durch den Stein geflossen sein, ehe sie durch die Kesselwand an das Heizmedium herantritt. Im Schornstein muß eine Warmluftsäule aufgebaut werden, um den Zug zu erzeugen, der für den Verbrennungslauf erforderlich ist.

Nach dieser primären Leistung der Flammentemperatur muß sekundär das Heizmedium erwärmt werden. Es gerät in erhöhte Bewegung, um die Wärme den Radiatoren zuzutragen. An den Radiatoren muß wieder die Wärme durch die Heizmediumtemperatur von der Innenhaut der Heizfläche an die Außenhaut gedrückt werden. Nun erst beginnt die Heizleistung an den Raum.

Der beschriebene Vorgang umfaßt nur einen sehr kurzen Zeitabschnitt von Sekunden, jedoch bei großer Schalthäufigkeit des Brenners addieren sich diese Sekunden der Anheizverluste zu beträchtlichen Zeitabschnitten, die den Wirkungsgrad der Anlage beeinflussen. Sie sind abhängig von der Zahl der Zündungen pro Zeiteinheit und von der aufzuheizenden Masse. Erstere können beeinflußt werden von dem Thermostatenspiel und der Wahl des Thermostaten, ob Kesselthermostat oder der günstigere Raumthermostat und schließlich von der Größe und der Heizleistung des Brenners. Die aufzuheizenden Massen sind in der folgenden Abbildung in einem Beispiel dargestellt:

Die vornehmlichen Nachteile einer Warmwasserheizung mit Schwerkraftförderung ist die Trägheit des Mediums, die Frostgefahr und die niedrigen Temperaturen bei geringer Heizleistung im Kessel.

Die Niederdruckdampfheizung hat den Nachteil der Kondensationserscheinung, Frostgefahr und der schlagartigen Abkühlung bei Unterschreiten der Verdampfungstemperatur.

Die Frigoben-Kaltdampfheizung überbrückt diese Schwierigkeiten. Das Heizmittel Frigen 114 benötigt ein Zwanzigstel der Verdampfungswärme von Wasser, es ist frostunempfindlich, überhitzt sich durch die Reibung in den Rohrleitungen. Die Verdampfungswärme nimmt mit zunehmender Temperatur ab. Das Volumen der Flüssigkeit erhöht sich und die spezifische Leistung der Flüssigkeit sinkt mit zunehmender Temperatur. Mit ansteigender Temperatur erhöht sich der Druck und das spezifische Volumen des Dampfes verringert sich zwangsläufig. Demgemäß steigt mit zunehmender Temperatur die spezifische Leistung pro Kubikmeter Dampf. Die Folge dieser physikalischen Eigenschaften des Frigen 114 ist gleiche Temperatur in allen Radiatoren unabhängig von der Vorlaufentfernung und eine ungewöhnlich schnelle Temperatursteigerung im ganzen Heizsystem.

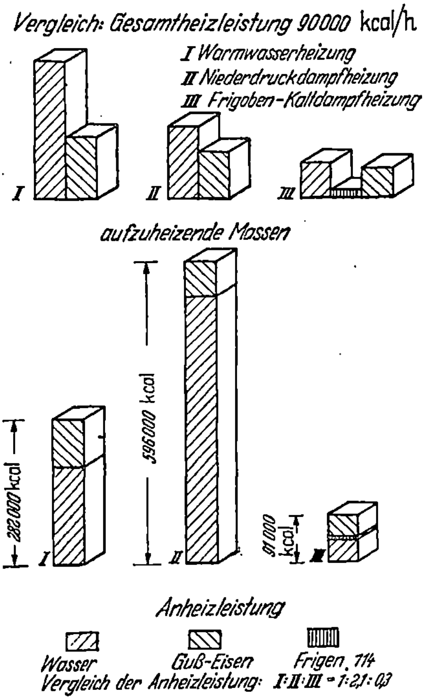

Schließlich ist die Radiatortemperatur oben und unten im Heizkörper gleich. Bei 80 °C Vorlauftemperatur werden die gleichen Wärmemengen abgegeben wie bei einer Warmwasserheizung mit 90 °C Vorlauftemperatur. Die Radiatoren können kleiner gehalten werden.

Die Vorteile der Kaltdampfheizung ermöglichen eine Brennstoffeinsparung durch geringere Anheizverluste und kleinere Heizmasse von ca. 30%, die die höheren Investitionskosten insbesondere bei großen Anlagen bald amortisieren.

Es kann in der Kaltdampfheizung ein Weg gesehen werden, um die Wirtschaftlichkeit von Heizanlagen zu verbessern im Vergleich zu den bekannten Heizsystemen. Bei festen Brennstoffen muß vorausgesetzt werden, daß die Befeuerung ebenfalls vollautomatisch erfolgt. Konstruktiv und materialmäßig stellt Frigen 114 derartige Ansprüche, daß

Abb. 37. Vergleich: Gesamtheizleistung 90000 kcal/h

eine Umstellung bestehender Anlagen kaum möglich sein wird. Die Heizkessel für dieses Heizsystem bleiben die üblichen Gußeisen- und Stahlkessel mit Warmwasser oder Niederdruckdampf. Die Wärmeleistung wird über einen Wärmeaustauscher dem Frigen 114 mitgeteilt.

VI. Wie sieht die Versorgung in der Zukunft aus

Um dieser Frage gerecht zu werden, müssen drei Probleme betrachtet werden:

1. Wie groß ist der Bedarf an Heizöl EL, L und M in Deutschland?
2. Sind diese Mengen verfügbar?
3. Ist die Entwicklung volkswirtschaftlich richtig?

In der Abb. 38 ist die Absatzentwicklung für Heizöl EL und L aufgetragen, wie sie sich seit 1952 zeigt. Diese Kurve II hat eine derart steile Tendenz, daß man eine Beruhigung mit Sicherheit erwarten kann.

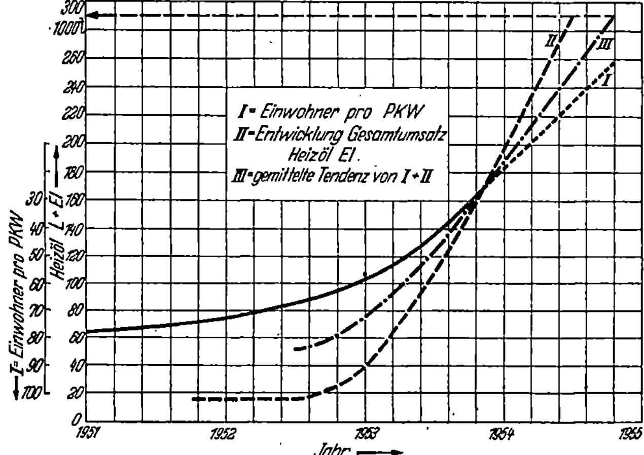

Abb. 38. Entwicklung Heizöl EL und L im Bundesgebiet 1951—1955

In der Kurve 1 ist die Absatzentwicklung von Personenkraftwagen aufgezeigt — in Einwohner pro Pkw —. Man darf eine Ölheizung in Deutschland in mancherlei Beziehung mit einem Pkw vergleichen. Mittelt man diese beiden Kurven, so erhält man die Kurve III, die der Steigerungstendenz ohne Zweifel gerechter wird.

In diesen Kurven ist Heizöl M nicht erfaßt, da es diese Ölsorte erst seit 1954 auf dem deutschen Markt gibt. Im Rahmen des Ölbedarfs für die Gebäudebeheizung wird Heizöl M im Laufe der Jahre mit Sicherheit einen erheblichen Teil der Sorten EL und L ablösen. Noch ist die Umsatzsteigerung für M zurückhaltend, nicht zuletzt auf Grund der

Kinderkrankheiten, die bei der Herstellung dieses Mischöles unvermeidlich sind. Heizöl M besteht aus 60—70% Heizöl S, der Rest ist Heizöl EL. Der Vorteil dieser Sorte liegt so eindeutig in seiner Wirtschaftlichkeit gegenüber allen anderen Brennstoffsorten, die sonst für die Gebäudebeheizung in Frage kommen, daß man gern die Mehrkosten bei der Installation tragen wird.

Die Dieselkraftstoff-Fraktion, aus der auch Heizöl EL geschnitten wird, ist auf der ganzen Welt knapp, und damit viel preisempfindlicher als Heizöl M, das sich vornehmlich aus Heizöl S zusammensetzt.

Das Feld für Heizöl M ist der Kessel mit Leistungen über 80 000 kcal/h.

Der Verbrauch an Mineralprodukten betrug 1954:

USA	2400 kg pro Kopf
England, Frankreich	
Holland	325—380 kg pro Kopf
Westdeutschland	150 kg pro Kopf

Die Bundesrepublik liegt damit bedeutend zurück. Die mit Sicherheit zu erwartende Steigerung wird vornehmlich auf dem Sektor des Heizöles liegen.

Dieses Produkt ist in seinem Anfall zwangsläufig an den Bedarf an leichten Fraktionen gekoppelt. Während es Rohöl in ausreichender Menge gibt, ist die Entwicklung des Heizölanfalles (S) an die Bedarfssteigerung vor allem des Benzins gebunden. Hier liegt das Schwergewicht der kommenden Entwicklung. Ein Weg liegt darin, daß die Raffinerie-Neubauten in Westdeutschland in erster Linie Heizöl machen und nur ca. 8% Benzin — gegenüber den sonst üblichen Anlagen, die bis zu 30% Benzin aus dem Rohöl gewinnen —, die andere Möglichkeit liegt in der Absatzsteigerung für Benzin.

Nach dieser Betrachtung der Mengensituation soll die Stabilität der Ölpreise untersucht werden.

Während schweres Heizöl zu 70% aus eigener Produktion stammt, ist Heizöl EL und L vornehmlich ein Importartikel. Der Preis für alle Heizölsorten steht in enger Verknüpfung mit den Konkurrenz-Brennstoffen, diese Verbindung gilt allerdings nur für den innerdeutschen Markt. Saisonbestimmter Spitzenbedarf beeinflußt deshalb nur dann den Preis, wenn die Nachfrage weltweit eine Spitze erreicht.

Würde beispielsweise durch unerfüllbare Nachfrage der Versuch unternommen, den Preis einer Mineralölfraktion im Vergleich zu den Konkurrenzbrennstoffen über den Wirtschaftlichkeitskoeffizienten hochzutreiben, so müßte sich für diese Fraktion eine Absatzstockung ergeben, die das gesamte Produktionsgefüge der Raffinerien erschüttert, da kein Unternehmen in der Lage ist, Mengen, die eine Monatsproduktion übertreffen, zu lagern.

Ähnliches gilt für politische Verwicklungen. Entweder wird eine Fraktion gebraucht — sei es Benzin, Dieselkraftstoff oder Heizöl —, und alle anderen Produkte fallen zwangsläufig an und finden ihren Absatz oder es gibt überhaupt keine Erzeugnisse aus Erdöl, dann dürfte aber auch die Versorgung mit festen Brennstoffen problematisch sein.

Einer ähnlichen Verkettung unterliegen Koks und Gas. Wenn auch immer der Grundstoff Verkokungskohle verfügbar sein wird, so ist der Bedarf an Koks an die Konjunktur der Stahlindustrie gebunden. Nebenbei fällt Gas an, das nach dem klassischen Vergasungsverfahren an den Koks gebunden ist. Die Erlöse für Koks und Gas müssen sich stützen und ergänzen. Deshalb reagiert der Koksmarkt so empfindlich auf jegliche Brennstoffe, die den Koksabsatz stören könnten.

Stört das Heizöl nun wirklich den Koksabsatz?

Trotz der erstaunlichen Entwicklung des Heizölumsatzes EL und L beträgt dieser doch nicht mehr als 3 Tagesproduktionen Koks im Jahre 1955.

Das Heizöl war nicht verantwortlich an dem Haldenbestand von 3,5 Mill. t Koks im Frühjahr 1954. In diesem Jahre wurde außerdem mehr Koks importiert als Heizöl EL und L umgesetzt (350 000 t Koks importiert, Umsatz EL und L 200 000 t). 1955 liegt kein Koks mehr auf Halde, es entsteht sogar ein Produktionsmangel von 10 000 t täglich. Gas muß abgefackelt werden.

Der Schlüssel für die Koks—Gas-Schere liegt also nicht im Unterdrücken des Heizölumsatzes, sondern in der Konjunkturlage der Stahlindustrie.

Welche Rolle im Rahmen der Volkswirtschaft das Heizöl in Westdeutschland spielt, sei durch einige Zahlen belegt. 40% der Zolleinnahmen des Fiskus stammen aus Mineralölzöllen. Die Mineralölindustrie gibt in Form von Heizöl weniger Energie ab als sie aus fremden Quellen — vornehmlich Kohle — aufnimmt. Schließlich ist der Energiebedarf ohne Heizöl gar nicht mehr zu decken.

Von 1950—1954 ist die Steinkohlenförderung um 16% gestiegen. Während dieses Zeitabschnittes beträgt die Zunahme der Industrieproduktion 75%. Wenn festgestellt wird, daß die Kohlenvorräte ausreichend sind, so ist dies theroetisch richtig, in der Praxis ist diese Tatsache unbefriedigend. Die maximale Grenze der Förderung ist nahezu erreicht. Neue Schachtanlagen sind schon zur Erhaltung der gegenwärtigen Förderkapazität erforderlich. Ein neuer Schacht ist aber erst nach 20 Jahren voll produktiv, abgesehen vom dem Finanzierungsproblem.

Deutschland ist und bleibt ein Kohleland, wenn aber die Kohle den Bedarf nicht decken kann, dann muß das Heizöl als ein Brennstoff begrüßt werden, der nicht konkurriert, sondern ergänzt.

Es kann und darf nicht sein, daß das Heizöl die Kohle verdrängt. Es sollte nur dort eingesetzt werden, wo es besondere Vorteile bietet, sei es hinsichtlich der Leistung, Qualität oder Ersparnis an Arbeitskraft.

Heizöl kann ein überlegener Brennstoff sein, was die Wirtschaftlichkeit anbetrifft, diese Frage wurde in der vorliegenden Schrift untersucht. Darüber hinaus bietet die Ölheizung Sauberkeit und Arbeitsersparnis.

Der letztgenannte Vorzug findet in seiner Notwendigkeit Ausdruck in den Berichten der Bundesanstalt für Marktforschung. Wir bemerken eine Umkehr von der Arbeitslosigkeit zum Arbeitskräftemangel. Die offenen Stellen betrugen Sommer 1955 rund 250000. Die kommende Wehrmacht mit einem Bedarf an 500000 Mann und die geburtsschwachen Jahrgänge der nächsten Jahre fordern Rationalisierung durch Automatisierung.

Diese Forderung erfüllt die Ölheizung. Oft wird man auf Öl umstellen, ohne wesentliche Bedeutung auf die Rentabilität zu legen, wenn nämlich kein Hauspersonal zu bekommen ist.

Die treibenden Kräfte in der Ausweitung der Gebäudebeheizung mit Heizöl sind nicht die bedeutenden Mineralölfirmen, sondern die Brennerbaufirmen und der Kohlenhandel. Die beiden letztgenannten Gruppen haben in wenigen Jahren eine bewundernswerte Leistung vollbracht, ausnahmslos unter großen finanziellen Opfern und unter geistiger wie manueller Überforderung. Der Initiator dieser Entwicklung ist der Bedarf des Verbrauchers.

Über dem Problem der richtigen Brennstoffwahl sollte als Leitgedanke stehen, daß Heizöl nur den Verbrauchern zugeführt wird, die echte Vorteile haben. Der Verbraucherkreis wird abgegrenzt durch den Entwicklungsstand der Heizung mit festen Brennstoffen. Bei verantwortungsbewußter Steuerung dieser Frage wird sich zwischen festen und flüssigen Brennstoffen ein Verhältnis einpendeln, das volkswirtschaftlich richtig ist, zum Nutzen des Verbrauchers.

Möglichkeiten und Grenzen der Ölfeuerung für die Gebäudebeheizung aufzuzeigen, sollten diese Ausführungen beitragen. Mögen sie mithelfen zu einer leidenschaftslosen Beurteilung und zur Aufklärung.

Sachverzeichnis

Industrieanzeigen

FULMINA
Ölfeuerungen
für Leicht-,
Mittel- und
Schweröl
INDUSTRIEOFENBAU FULMINA
FRIEDRICH PFEIL
EDINGEN-MANNHEIM

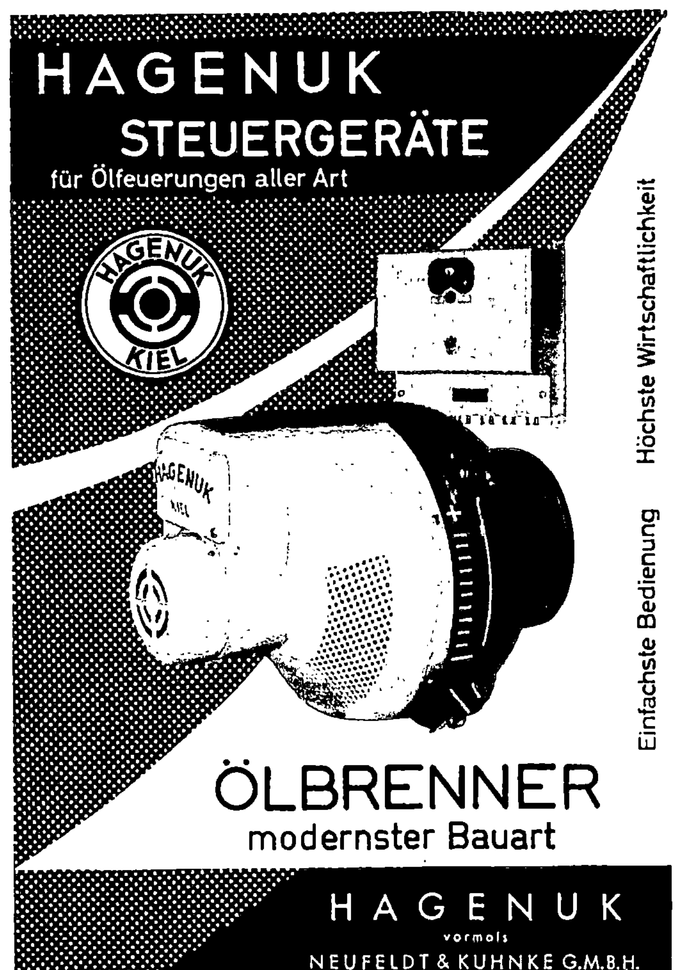
HAGENUK
STEUERGERÄTE
für Ölfeuerungen aller Art
Höchste Wirtschaftlichkeit
Einfachste Bedienung
ÖLBRENNER
modernster Bauart
HAGENUK
vormals
NEUFELDT & KUHNKE G.M.B.H.

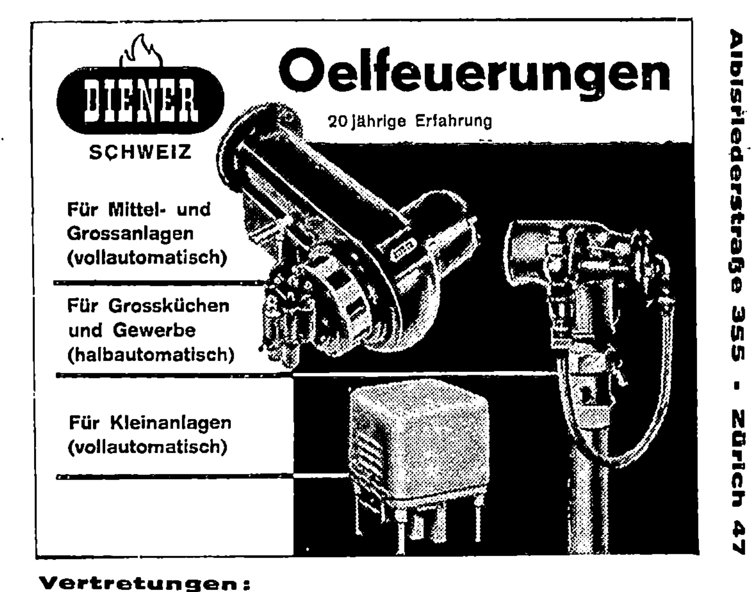
DIENER
SCHWEIZ
Oelfeuerungen
20 jährige Erfahrung
Für Mittel- und
Grossanlagen
(vollautomatisch)
Für Grossküchen
und Gewerbe
(halbautomatisch)
Für Kleinanlagen
(vollautomatisch)
Max Diener
Albisriederstraße 355 · Zürich 47

CTC

Der Original schwedische, vollautomatische

- **CTC-NOE-Ölbrenner** hat sich 10000-fach in aller Welt bewährt
- **CTC-NOE-Ölbrenner** sind für die Verfeuerung leichter und mittelschwerer Heizöle konstruiert
- **CTC-NOE-Ölbrenner** sind in den Größen 10200-867000 kcal/h lieferbar
- **CTC-NOE-Ölbrenner** sind solide gebaut und preiswert
- **CTC-NOE-Ölbrenner** sind als Spezial-Brenner auf unseren kombinierten Kesseln, Serie 210 - Heizung, Warmwasserbereitung (Kupferdurchflußbatterie), feste Brennstoffe, Öl in einem Aggregat - aufmontiert

Eigene Verkaufsorganisation in Deutschland:

CTC-Wärmespeicher-Gesellschaft m. b. H.

Büro München:	**Hauptbüro Hamburg:**	**Büro Berlin:**
München 15, Bayerstr. 35/39	Hamburg 11. Holzbrücke 7	Berlin-Lankwitz
Tel. 593008	Tel. 365192	Mühlenstr. 18
Telegr.-Adr.:	Telegr.-Adr.:	Tel. 732256
CETECEM Muenchen	CETECE Hamburg	

Simplex-Jedes-Ölbrenner

haben sich in 20 Jahren tausendfach bestens bewährt!

1. Der „Simplex" ist ein Dampfstrahlbrenner, der den zur Zerstäubung notwendigen Dampf selbst erzeugt (Eigendampfzerstäuber). Er brennt daher mit einer weichen und somit kesselschonenden Flamme.

2. Er paßt auch automatisch die Größe der Flamme dem jeweiligen Wärmebedarf der Feuerstelle an (kein Stoßbetrieb).

3. Er benötigt keinen elektrischen Strom, besitzt daher keine teueren und komplizierten El.-Apparaturen, die zu Störungen und langem Betriebsausfall führen können.

4. Er arbeitet absolut verläßlich und störungsfrei und kann, dank seiner Einfachheit und Robustheit, von jedem Angelernten bedient und gepflegt werden.

5. Er ist billig in der Anschaffung und im Betrieb.

6. Er verbrennt alle Arten von Heizölen, vom Gasöl bis Schwerst-öl, auch Teeröle, Autoabfallöle usw. und sind bei Wechseln der Ölsorte keine Änderungen am Brenner vorzunehmen.

Serienmäßig werden 6 Größen hergestellt
mit Leistungen von 4,5-150 kg Öl/h
Sonderbrenner noch darüber hinaus

Simplex-Schwerölfeuerungen
Heckl & Co.
Wien III, Ditscheinergasse 3
Telefon U 19-0-40   U 18-3-10

für jeden Zweck - für jedes Öl
Über 7000 Anlagen
Die
SAACKE
Ölfeuerung
2 kg - 3000 kg Öl je Stunde
Bremen H. SAACKE K.G. Südweststr. 9-11

Alle Sorten
Heizöle für Zentralheizungen
Ofen-Heizöl
SCHULTZE HEIZÖLE
RUF 47191
GERHARD SCHULTZE K.G.
HANNOVER-LINDEN · SCHWARZER BÄR 8

Ein fester, zufriedener Verbraucherkreis

verwendet seit Jahrzehnten unser

Steinkohlenteer-Heizöl

Er wird von den Spezial-Ingenieuren
unserer Beratungsstelle sorgfältig betreut

VERKAUFSVEREINIGUNG FÜR TEERERZEUGNISSE (VfT) AG, ESSEN

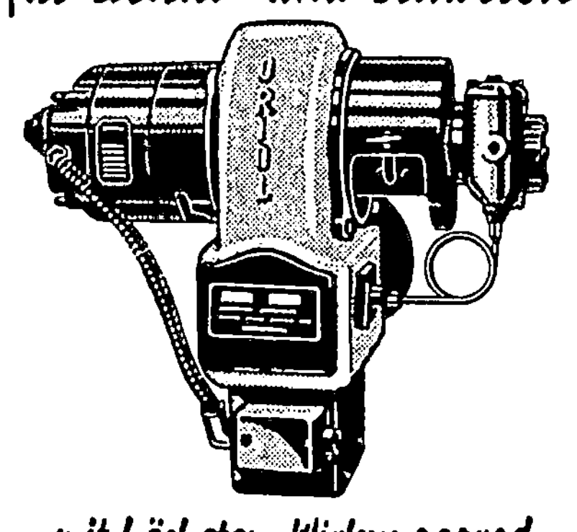

ORIOL
vollautomatische
QUALITÄTS-ÖLBRENNER
für Leicht- und Schweröle
mit höchstem Wirkungsgrad
SCHWINGFEUER-VERTRIEBS-GMBH.
Überlingen/Bodensee

BRAUNKOHLENTEER-HEIZÖLE
MINERALISCHE HEIZÖLE

EXTRA LEICHT
MITTELSCHWER
S C H W E R

HELMSTEDTER BRAUNKOHLEN VERKAUF
GESELLSCHAFT MIT BESCHRÄNKTER HAFTUNG

Hannover · Sophienstraße 5

Fernsprecher:
25343/45 und 22147/49

Fernschreiber:
C922804 BRAUNKOHLE HAN

FRANKIA

Vollautomatische
Ölbrenner

von   20000 cal/h
bis 1100000 cal/h

für Zentralheizungen

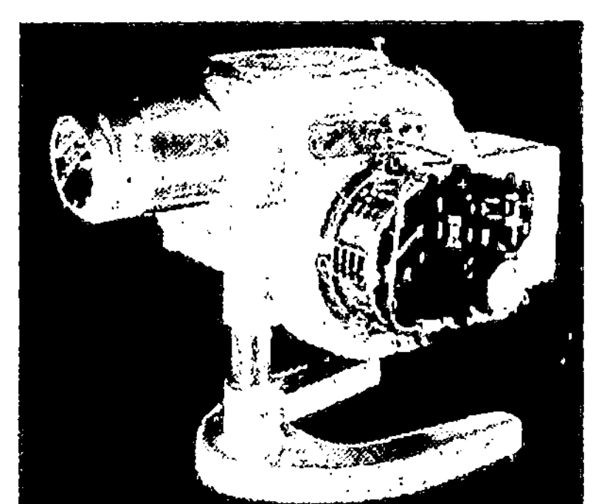

Niederdruck- und Hochdruckdampfanlagen

Spezial-Ölbrenner für Küchen und Bäckereien

Beratung - Montage - Service in allen Teilen Deutschlands

Nachweis durch: **FRANKIA-VERTRIEB**
Rudolf Zimmer
Zweibrücken, Bubenhauser Straße 26 · Telefon Zweibrücken 2915
und **Saarbrücken,** Feldmannstraße 64 · Telefon 64925

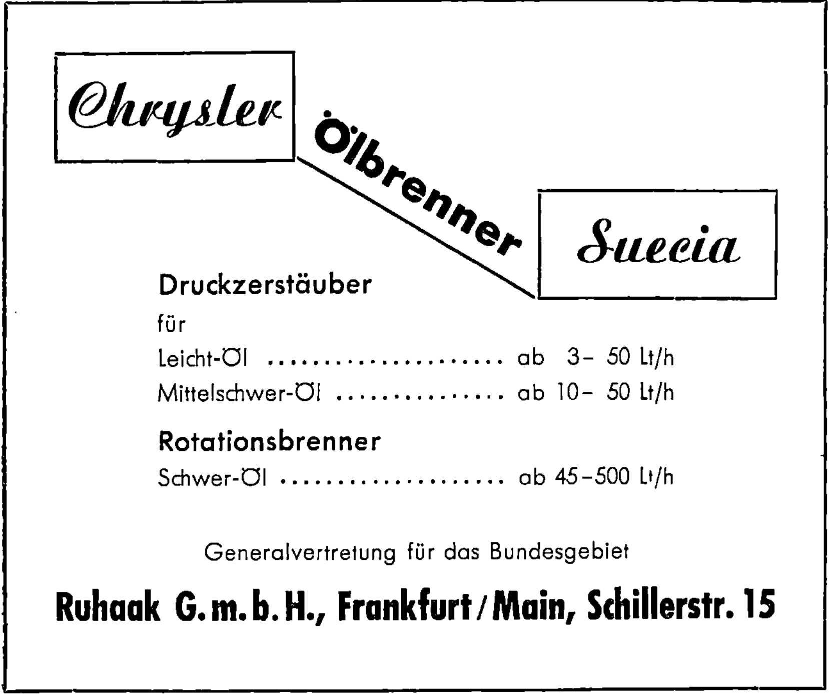

Propan - Butan. Eigenschaften und Anwendungsgebiete der Flüssiggase. Von Dr.-Ing. Geert Oldenburg, Hamburg. Mit 37 Abbildungen. 101 Seiten Gr.-8°. 1955. DM 6,—

Kämper / Hottinger / von Gonzenbach: Die Heiz- und Lüftungsanlagen in den verschiedenen Gebäudearten einschließlich Warmwasserversorgungs-, Beleuchtungs-, Entnebelungs- und Klimaanlagen. Dritte Auflage bearbeitet von Dr.-Ing. A. Kollmar, Regierungsdirektor beim Senator für Bau- und Wohnungswesen Berlin und Prof. Dr. W. Liese, Erster Direktor beim Bundesgesundheitsamt, Max-von-Pettenkofer-Institut Berlin. Mit 113 Abbildungen im Text und auf einer Tafel. VIII, 335 Seiten Gr.-8°. 1954.   Ganzleinen DM 34,50

Hilfsbuch für raum- und außenklimatische Messungen für hygienische, gesundheitstechnische und arbeitsmedizinische Zwecke. Mit Berücksichtigung des Katathermometers. Von Dr. phil. habil. Franz Bradtke, Berlin, und Professor Dr. Walther Liese, Berlin. Zweite, verbesserte Auflage. Mit 37 Abbildungen. VII, 108 Seiten 8°. 1952.   Ganzleinen DM 15,—

Mineralöle und verwandte Produkte. Ein Handbuch für das Laboratorium. Unter Mitwirkung zahlreicher Fachleute bearbeitet und herausgegeben von Professor Dr. Carl Zerbe. Mit 467 Abbildungen und einer Tafel. L, 1525 Seiten Gr.-8°. 1952.   Ganzleinen DM 192,—

Wir liefern und montieren:

Voll- und halbautomatische Mittel- und Schwerölfeuerungen

für Heizungskessel, Dampfkessel, Industrieöfen

Ölvergasungsanlagen nach dem OCCR-Verfahren

INGENIEURBÜRO RÜSKAMP KG

Bayreuth, Leuschnerstraße 51 / Tel. 39 13 und 41 78

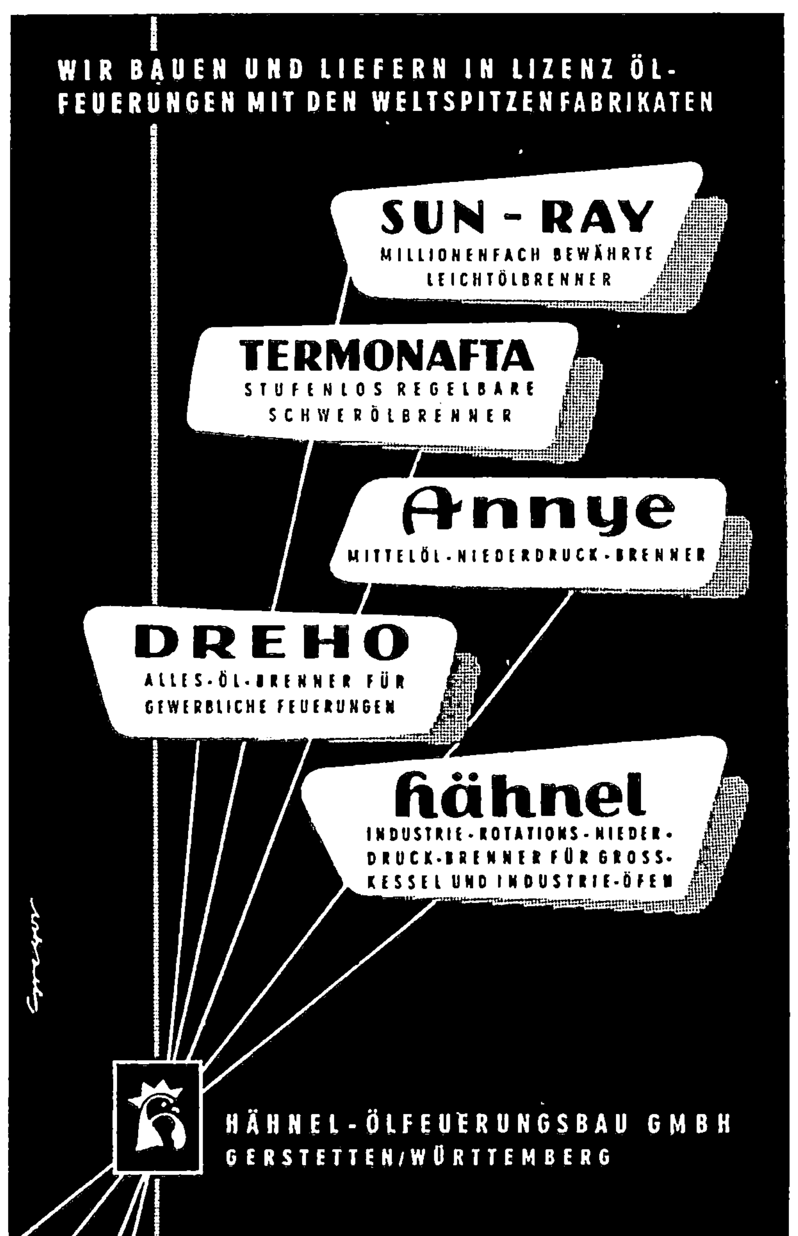

WIR BAUEN UND LIEFERN IN LIZENZ ÖL-
FEUERUNGEN MIT DEN WELTSPITZENFABRIKATEN
SUN - RAY
MILLIONENFACH BEWÄHRTE
LEICHTÖLBRENNER
TERMONAFTA
STUFENLOS REGELBARE
SCHWERÖLBRENNER
Annye
MITTELÖL-NIEDERDRUCK-BRENNER
DREHO
ALLES-ÖL-BRENNER FÜR
GEWERBLICHE FEUERUNGEN
hähnel
INDUSTRIE-ROTATIONS-NIEDER-
DRUCK-BRENNER FÜR GROSS-
KESSEL UND INDUSTRIE-ÖFEN
HÄHNEL-ÖLFEUERUNGSBAU GMBH
GERSTETTEN/WÜRTTEMBERG